Ama's
鄉村娃娃屋

| 當逗趣的動物碰到笑咪咪的娃娃 |

CONTENS

原本就非常喜歡舊舊的東西。

破破的帶點泛黃的色澤；有點年代卻很有味道；很深層，卻也令人很感動！

80年代與美式鄉村娃娃偶然邂逅，陳年舊衣、泛黃的布料及零碎拼接出來的衣服，一個個充滿童趣又率真的娃娃，深深打動了我的心，從此便開啟我的美式鄉村娃娃童話世界。

透過一針一線手工縫製樸實、天真的娃娃，總是讓人有著無限的想像空間，藉由不同主題，進行百變且天馬行空的色彩遊戲，即便純樸的造型，也能常常創造出不一樣的驚喜。有時頂著一頭誇張的髮型，配上簡單自然的衣著就能讓娃娃擁有了新生命。這也是我沈溺其中無法自拔的原因囉！

很難想像，也很高興……

某一年的某一天，Ama's鄉村娃娃也能藉由出書與喜愛鄉村娃娃的同好朋友們一起分享手縫娃娃的樂趣。當然也希望Ama's Doll是一種幸福傳遞的開始……就像一本陳年的老故事，泛黃的照片，模糊不清的文字，卻深藏著美麗動人的故事…。

在出書的準備時間中，說真的！是一件值得回味的美好回憶，感謝上帝！

也謝謝一路支持我、幫助我及喜愛我的朋友們～不論是意見，未來方向、紓解壓力，或快樂無限暢談，都給了我很大的幫助，真的！很謝謝你們！

現在要從娃娃屋開始～

跟Ama一起快樂縫出屬於自己的故事娃娃

創造出自己的娃娃童話王國吧！

PART 1

超人氣動物
Popular
Animail

好心情長頸鹿

這是一場密會，為了Ama小姐的生日party，
瞧！這四位長頸鹿先生討論的非常起勁，
好心情讓牠們笑到都合不攏嘴了。

How to make / p.085

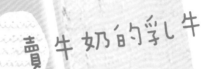

賣牛奶的乳牛

超級可愛的乳牛，光看那黑白分明的乳牛標誌，
就足以讓人聯想到帶著濃郁香氣的牛奶。
真想現在就來一杯現擠純鮮奶耶！

How to make / p.086

鈕啶鼠

愛吃又愛玩的4隻小老鼠，結成了好朋友，

每天都要聚在一起歡笑暢談，

討論著哪裡的食物最美味、東西最好玩……

然後，就要相約享受美味大餐囉！

How to make / p.066

母雞帶小雞散步去

揮別陰雨綿綿的日子，

趁著風和日麗的好天氣，

雞媽媽決定要放下孵蛋的工作，

帶著小雞們開心散步去囉！

小雞，小雞別亂跑！千萬別跟丟，

讓人當成放山雞抓走了哦！

How to make / p.098

呱呱叫鴨子

忙碌的鴨爸爸和老愛呱呱叫的鴨媽媽，

終於可以帶著可愛的小鴨仔們出遊去，先來點個名吧！

這個溫馨甜蜜的家庭氛圍，可是一隻都不能少哦！

How to make / p.099

愛做夢的鄉村兔

住在森林裡的兔媽媽帶著好奇兔寶寶，
準備進城去看世界。陽光溫暖地灑滿全身，
沿途微風吹來還有花香味，走累了，
就坐在樹下休息一下，偷偷做個白日夢。

How to make / p.102

圓滾滾的大肚兔

這年頭伙食太好，再這樣稍不節制一下，

我那圓滾滾的肚子就更圓啦！

也讓我的毛茸茸皮毛愈發蓬鬆，

該是把紅蘿蔔賣一賣少吃一點吧！

How to make / p.100

慵懶的焦糖貓

經過陽光紫外線不斷反覆日曬，

才能讓膚色呈現如此健康的焦糖色澤。

今天，同樣地在慵懶的午后，伸伸腰，

準備要來好好享受新鮮美味的FISH大餐囉！

How to make / p.101

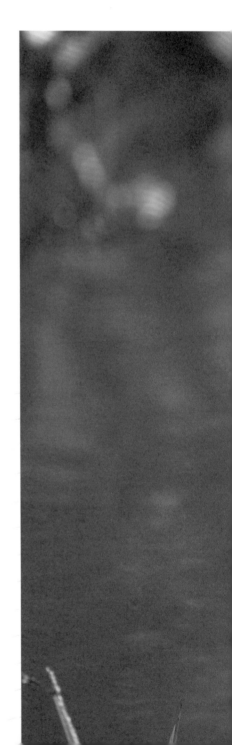

愛釣魚的黑貓

Hi～好哥們，趁著風和日麗的好天氣一起去釣魚吧！

噓！釣魚可是要有耐心，才會有不錯的收穫哦！

瞧！大魚上鉤啦！馬上準備收攤回家去吃烤魚大餐啦！

還是你要吃清蒸的？？

How to make / p.068

餅乾熊

剛剛烤好的餅乾熊，還帶著些許焦糖的香氣和混著清新的麥香，

在空氣中迷漫開來，緊緊包裹住手作人的愛心，

在這溫馨的時刻好好享用吧！

How to make / p.091

鄉村娃娃
Country
Dolls

開心蘑菇母女

如出一轍的篷鬆捲髮，梳成整齊的小髮髻，
搭配著同樣以大地色系為主的鬆餅布服飾，
露出甜甜的笑容，要拍照囉！
貼心的媽媽還幫妹妹準備了專用抱枕，
真是令人倍感溫馨啊！

How to make / p.104

新手裁縫師

利用帶有濃濃茶香的素麻布，隨手拈來，

為妳一針一線繡縫出一朵朵向上伸展的花衣裳。

新手裁縫師，發揮創意，永遠都能保持一顆積極熱忱的心。

How to make / p.106

野餐妹妹愛吃糖

穿上我的一字拖，提著滿滿的下午茶點，

邀請妳一起去找個地方，好好享受悠閒的時光。

等待的時間，先坐下來，來根棒棒糖補充元氣吧！

How to make / p.108

愛抓瓢蟲的紅髮女末

春暖花開的季節，萬紫千紅的小花開滿園，

惹得蝴蝶翩翩飛舞，瓢蟲到處嬉戲，紅髮妹拿起小網子，

在陽光輕拂綠地的季節裡，和飛蝶們追逐在花草叢林間。

How to make / p.074

Ann和Andy上學去

來自於美國原味鄉村風娃娃Ann & Andy，
要學習適應新環境囉！背起書包，手牽手，
在這個美好的早晨，跟你大聲說：嗨！
我們要開心上學去囉！

How to make / p.076

大鼻子微笑娃娃

圓圓的大鼻子，一頭亂亂的破布頭，

還帶著靦腆的笑容，十分憨厚討喜。

手上拎的是剛剛完成的手作成品，

想請妳一起加入，共享這份手作的快樂。

How to make / p.110

圈圈魔法娃娃

以貼布縫方式將充滿北歐風的簡約色塊縫在衣服上，

甜蜜的色彩猶如身上掛滿了糖果般有趣。

同款設計的袋子，

更彰顯娃娃與袋子間的魅力趣味哦！

How to make / p.096

蕾絲夢幻娃娃

細緻的五官;一頭篷鬆的捲髮,
身穿典雅的米白色系蕾絲花裙再綁上緞帶,
一層又一層的疊出浪漫又華麗的法式風格,
提著包,我們是最優雅的蕾絲娃娃。

How to make / p.114

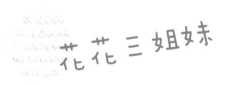

花花三姐妹

以鮮明亮麗的羊毛線，抓出毛茸茸的復古髮型，
綁上大大的蝴蝶結，身穿30年代的花花衣。
漂亮三姐妹要帶著獨有的標誌，吸引妳的目光。

How to make / p.116

藝術小畫家

今天是個寫生的好日子，背起畫板，
備好最愛的顏料和畫筆，號召愛繪畫的好友們，
讓我們拎起夢想，共同揮灑美麗色彩人生吧！

How to make / p.079

無敵拜金女

Ama傳説中的拜金女，頂著一頭大篷篷髮，

腳穿最時尚的高跟馬靴，有著凡走過必買的個性，

每次出門都會做個閃卡刷手，

大包小包提回shopping的戰利品。

How to make / p.118

賣花的紫羅蘭娃娃

帶著心愛的寵物兔，提著新鮮又繽紛的紫羅蘭花朵，

一朵花許著一個小小心願，努力賣花吧！

希望能存出遨遊世界的夢想，開心的出發！

How to make / p.112

PART 3

生活雜貨
Life zakka

YOYO圈圈髮束

一顆圓圓的小yoyo就能創作出充滿鄉村味又帶童趣的髮飾品，
像是綴滿珠珠的黑人頭，還是超卡哇伊的小豬造型，
就算不綁髮也能讓人一整天都有好心情。

How to make / p.064、83

YOYO造型髮飾

一隻隻可愛的小瓢蟲最愛停在妹妹的頭髮上，

連長耳兔也想來試試，而不可少的微笑娃娃也是我的最愛，

以上全都是yoyo變化出來的哦，就看妳還有什麼新想法？？

How to make / p.082

大頭娃娃磁鐵

最吸睛的大頭娃娃磁鐵，圓圓的臉配上愛笑的眼睛，
總會讓人有好心情。造型簡單，換個髮型，再換成大別針，
走到那裡，就跟你到那裡，即使簡單也有亮點！

How to make / p.084

兩小無猜吊飾兔

天真無邪，説好要當一輩子好朋友的小兔兔，
迷你的size正好可以俏皮、可以童趣，
是一個充滿逗趣又兼具實用的小禮物哦！

How to make / p.089

鑰匙小娃娃

充滿鄉村風格的小娃娃吊飾，毛茸茸的頭髮，
穿著綴有蕾絲邊的小洋裝和必備娃娃鞋，
就能散發出一股自然不造作的氣息。

How to make / p.088

哈比人小吊飾

一體成型的哈比人，雖然省了手腳的接縫，
但是惹人喜愛的表情一樣也不少哦！
超迷你的小巧身形，走的是可愛俏皮風，
搭配上手機吊環，陪你一起哈啦。

How to make / p.090

小香包娃娃

紮著麻花辮的娃娃，手裡提著裝著香香豆的小香包，

自然散發出甜甜的香氛在空氣之中，讓人天天都可以擁有愉悅的好心情！

How to make / p.092

彩虹長耳兔

牠是我的好麻吉，手長腳長還有一對長耳朵，

最喜歡聽我聊心事，陪我一起去冒險，

任何時候只要喊一聲「彩虹兔」牠就會出現，

真像童話裡的魔法師！

How to make / p.071

小黑金娃娃

結合美式復古風格的娃娃，黝黑的臉搭配誇張的表情，
加上以鮮明的對比色彩裝扮，更增添娃娃的趣味性。
非常討喜哦！

How to make / p.094

PART 4

開始動手
How to make

開始製作：

布茶染色

想要呈現出復古的鄉村風，可先將所有胚布與棉布等所需的布片用紅茶或咖啡浸染過，會更有味道哦！

1 先將熱水煮開後，放入茶包再用小火續滾1~2分鐘，待茶色出現，其濃淡可依各人喜愛而定。

2 維持小火，將布片丟入，染色的過程中需不斷將布片翻面，好讓上色均勻。

3 續煮2~3分鐘後，關火將布直接浸染於茶湯中直至水冷卻。

4 取出，擰乾後再晾乾，就會有自然的茶色囉！

素體製作

塞得飽滿的身體，可是娃娃最重要的塑型哦！

1 將裁好版型描繪在摺雙的布片上。

2 將各部位車縫一圈，留下返口。

3 留縫份0.5cm剪下。

4 在弧度處剪出牙口。

5 利用鑷子將布料翻回正面。

6 留下返口，不需整燙。

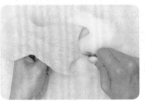

7 塞棉花：將棉花拉鬆，由返口分次將棉花塞入。

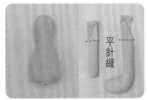

8 將身體塞至飽滿，手腳塞至6~7分滿。並以平針縫固定以防棉花往上散開。

9 四肢的開口處，內折0.5cm縫份後，以藏針縫將開口縫合。

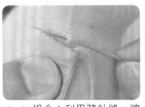

10 組合：利用藏針縫，將四肢與身體縫合。

11 並將線頭藏入身體內，由身體出針剪掉線。

12 完成素體的組合。

動人的表情

小小的臉上帶著一抹微笑，眼裡還透著真摯的純真，有點害羞又帶點Q，像具有天使的魔力，讓人一眼就喜歡的表情，只要掌握幾個重點，可是簡單又易學的哦！

材料

壓克力顏料、黑色67號、白色4號、腮紅顏色156號、珠筆S號、M號

耐水性簽字筆、鋼珠筆0.28～0.38、黑色&紅色、乾刷筆(眼影棒)、棉花棒

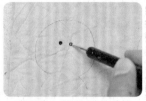

1 畫眼睛：利用M號的珠筆，沾黑色壓克力顏料點上黑眼珠。兩眼間距以0.5cm～1cm為佳。待乾。

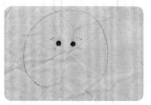

2 以耐水性的黑色細鋼珠筆「輕」畫眉毛與睫毛。

3 再用紅色鋼珠筆畫出可愛的小鼻子和弧線的微笑。

4 待顏料全乾後，再用珠筆沾白色顏料輕點於黑眼珠上，建議點在同一側。嘴角畫上小愛心。

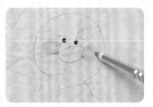

5 畫腮紅，刷筆沾156號顏料。先在不要的布上刷幾次後再上腮紅。

6 可用珠筆在腮紅中心處點出亮點或小愛心加強可愛度。

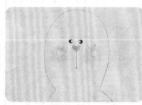

7 無辜的動物臉。

8 伸出小舌頭，俏皮的表情逗你開心。

9 恬淡、靜美的優雅就是由細緻的鼻梁散發出的氣息。

10 用縫線繡出的微笑，更具療癒效力。

TIP S

P.S若沒乾刷筆，亦可用眼影棒沾化妝品塗抹，但最後需再以棉花棒"乾"刷，讓色澤均勻！

鞋款製作：

五種鞋款，百變用法

可愛又討喜的娃娃，足下風情也不能馬虎哦！搭配合宜的鞋款也是替娃娃加分的重點之一！
五款基本鞋款，簡單製作再稍加變化，就能呈現不同的足下風情。打算好替娃娃穿什麼鞋了嗎？？

款式一：平塗綁帶式鞋款

1 平筆沾上壓克力顏料，將腳丫子以乾刷方式平塗上顏色。

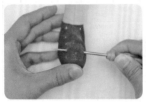

2 以錐子平穿出小洞口。

3 以最粗的縫針穿過棉繩，穿入前端的鞋孔，做為鞋帶用。

4 以交叉方式穿入鞋帶，若不好拉，可藉助鉗子來拉。

5 最後綁上蝴蝶結即可。

6 平塗式鞋款的運用。

款式二：扣帶式娃娃鞋

1 將不織布摺雙描繪鞋型與鞋帶，留返口。

2 車合後，鞋口以平針縫繞縫一圈，做裝飾縫線。

3 套上鞋子。

4 縫上鞋帶。

5 再縫上釦子裝飾。

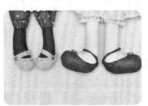

6 完成扣帶式娃娃鞋款。

款式三：綁帶式娃娃鞋

1 將不織布摺雙描繪鞋型，留返口。

2 車合，返口處不留縫份，剪下，翻正面。

3 穿上鞋子。平針縫一圈縫出裝飾線，並在尾端拉縫固定。

4 鞋面先以錐子鑽2個小洞，再穿入鞋帶。

5 綁蝴蝶結。完成囉！

6 同款設計鞋款。

款式四：高筒綁帶式鞋款

1 將不織布摺雙描繪鞋型，注意左右腳的畫法。

2 車縫後翻至正面，鞋面可剪小布塊做貼布縫裝飾。

3 套上鞋子後，以錐子鑽出鞋孔，再穿入鞋帶。

4 最後調整鞋帶，拉縮整型並綁上蝴蝶結即可。

5 用平塗式乾刷上鞋色，再以步驟3綁上鞋帶，也是另一種表現。

款式五：拖鞋式

1 利用不織布組合出的拖鞋款。

髮型製作：

頂上風光

利用布條製作出來的髮型最能襯托出娃娃們的氣質，但為了能讓娃娃的造型產生出不同的動感與新鮮感，試試用不同材質的毛線或羊毛等其他線材，幫娃娃們創造更豐富的玩法。

一、破布頭／布條製作

1 裁18×10cm的布片，由中間畫出記號線。共10片。

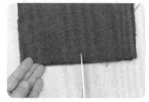

2 將10片布片重疊後，由中間車縫固定。在二側每間隔1cm剪開。

3 用手撕開，產生破布的撕裂狀。

4 二側都需撕開。依序撕完。

5 撕完後，將整塊搓揉整型或下水洗滌都可。

6 完成破布亂髮。

7 以熱熔膠沿著頭部中間上膠。

8 將頭髮黏上，再進行整型。

二、捲毛頭／毛線材質

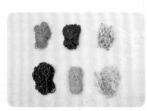

1 利用4指寬繞毛線圈。

2 取下後，由中間綁緊。

3 綁緊一束一束的，可分成5圈前髮所需的8束及後面8圈頭髮9束。

4 頭部先以消失筆畫分出8等份。

5 縫頭髮，第1針以斜針入針。

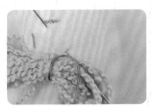

6 置上髮束，入第2針，同樣以斜針出針。

7 拉線束緊頭髮，再置上第二束頭髮縫上。

8 依序縫滿頭部的頭髮。

9 頭頂中間點上熱熔膠。

10 將頭髮往中間黏合。

11 接近額頭處，也點上些許熱熔膠，再將前額頭髮稍往下壓，製造瀏海的感覺。

12 最後，可在頭上加些裝飾物。

三、綁辮子頭

1 18cm的毛線繞約80圈，髮尾預留5cm束緊髮束，再將髮束分成3股。

2 交叉綁成辮子至另一端髮尾5cm時，束緊髮束。完成辮子髮。

3 由中間將辮子拉鬆。

4 中間部分稍加拉寬，辮子髮束完成。

5 頭頂由中間以水消筆畫出前後髮的位置，再擠上熱熔膠。

6 將辮子髮直接黏上。

7 二側髮尾拉鬆撥開。

8 整型完成後可綁上蝴蝶結等裝飾。

四、洋娃娃捲毛頭

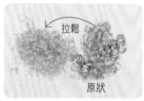

1 將洋娃娃的毛髮原狀拉鬆後的髮量。

2 不斷的拉開和搓揉至毛髮有拉不開的密實感。

3 從中拉出一條，尾端預留5cm後將髮尾綁緊實。

4 將二側頭髮束成髮束。如圖。

5 自行調整繞綁髮束成節狀。兩側髮尾再繞綁成三小束。

6 黏上蝴蝶結，頭頂前後頭髮上膠稍往下黏住，將頭髮拉出篷鬆感。

五、毛茸茸羊毛頭

1 羊毛取一長條撕成30cm長，共3條。

2 將每一條羊毛拉開成一寬面。

3 再將3條重疊。

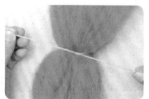

4 髮尾各留12cm，以細麻繩束緊。

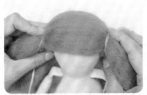

5 羊毛只黏頭頂部分。

6 接著將髮尾以捲起來的方式往內捲。

7 捲好後,將細麻繩由二端朝洞口穿入。

8 麻繩拉出後綁緊,剪斷多餘的麻繩。即可自行裝飾髮飾。

六、爆米花毛線頭

1 毛線取約20cm長繞40圈。瀏海約5cm長繞6圈。

2 由中間將毛線綁緊。

3 以頭頂為中心,前後1cm都要上膠。先將頭頂部分頭髮黏好。

4 於後腦畫出頭髮的上膠範圍。再把頭髮黏合。

5 黏好後,將毛線一條一條的撕開使頭髮成呈現捲捲的篷鬆感。

6 成為毛茸茸的毛髮。

7 最後毛茸茸的頭髮綁上緞帶蝴蝶結裝飾。

YOYO娃娃頭髮束

做法

1 裁直徑8cm的圓形布片，不需留縫份下剪，但縫時須內折0.2cm的縫份做縮縫。

2 縫份內折0.2cm，由內往外出針。

3 平針縮縫一圈。最後邊縫邊拉縮縫線。

4 完成yoyo。可依個人喜好完成不同yoyo大小。

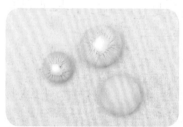

5 塞入棉花，呈飽滿狀。

6 製作頭髮，200cm長的毛線，繞10圈。

7 頭髮左右二邊各綁一個單結後，將髮束黏於娃娃頭上。

8 娃娃頭以中線為主前後都需上膠。

9 髮型進行修剪、整型。

10 後腦勺的頭髮也需要上膠，黏住髮根。

11 前額部分上膠後，將頭髮稍往下黏貼，製造出瀏海的效果。

12 剪一段鬆緊帶綁成圈狀，置於娃娃頭背面。以捲針縫的繞縫方式固定。

13 取一片yoyo片當蓋片，藏針縫縫合。頭髮與髮束帶可依自己喜好縫上裝飾品，會更亮麗。

14 畫上五官表情，髮束帶也可置換成吸鐵哦！

製作重點

1. 娃娃頭除了用來做髮束之外，加上吸鐵、別針或是髮夾等等之類配件，就能讓娃娃頭呈現多功能的作用。

2. 另外，娃娃的造型可隨自己的喜好改變頭髮的髮型、材質和五官表情，就會展現不同的風情哦！

尖耳兔髮束

做法

1 備好長耳朵、塞好棉花的兔頭及yoyo蓋片。

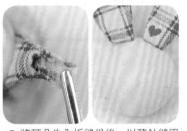

2 將耳朵先內折縫份後，以藏針縫固定於兔頭上。

3 將其中一隻耳朵做折縫，以手縫線縫上X固定。

4 置上髮束帶，再以藏針縫縫上蓋片。

5 翻至正面，縫上蝴蝶結和釦子做裝飾。

6 畫上五官表情即完成囉！

鈕口鈕口鼠

材料

麻布
毛氈布
鈕子　4顆
手縫線
麂皮繩
棉花
小別針
飾品

做法

1 麻布摺雙,將紙型在麻布上畫出身體、頭部、耳朵及左右對稱的手、腳。並車縫固定,需留返口。

2 留縫份1cm將各部分裁剪下來。

3 將各部位翻回正面。四肢剪開口處。

4 除了耳朵,其它塞棉至飽滿。

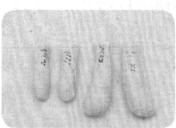

5 手足的開口處以捲針縫縫合。

6 組合頭部與身體,以藏針縫縫合。

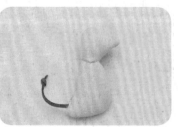

7 製作尾巴,麂皮繩尾巴塞入尾巴洞內,再將洞口藏針縫縫合,打單結。

8 縫上四肢,手足由左到右直線穿縫固定於身體上,將鈕子一併縫上,來回穿縫3次固定即可。

9 完成手足的縫合，掌心處可繡縫×字裝飾。其手足為可活動式的縫法。

10 耳朵利用平針縫做裝飾縫後，再以藏針縫與頭部縫合。

11 耳朵根部做縮縫。

12 利用結粒繡縫上眼睛。平行穿入，線不用剪。

13 雙線縫鬍鬚，縫線不剪由眼睛入針，斜針由鬍鬚位置出針。

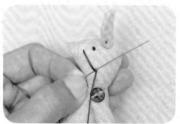

14 留線尾不剪，先打一小結。

15 於原來的出針處再入針，將結拉入布內。留適當的線尾。

16 將線圈剪開，成為小鬍鬚。並修剪長度即可。

17 縫鼻頭，以緞面繡方式縫鼻子。

18 完成五官的縫製。

19 畫上腮紅。

20 綁上圍巾於脖子上。

愛釣魚的黑貓

材料

黑色素布1尺
花色棉布1尺
星形木釦2顆
2孔圓形小木釦2顆
紅色中型釦1顆
毛氈布
棉花
白色壓克力顏料
黑色壓克力顏料
粉橘色壓克力顏料
腮紅

做法　製作身體

1 紙型描繪於摺雙的黑色素布，車縫後留縫份裁下，組合裁片。

2 將各部位塞棉，手6分滿、腳7分滿、尾巴9分滿，身體塞飽棉，並以藏針縫進行素體組合。

3 四肢手掌位置塗白。利用平筆乾刷沾白色壓克顏料平均刷勻。

4 完成耳朵與四肢的刷白，待乾。

5 塗掌紋，利用乾刷筆刷沾粉橘色刷圓。耳朵的尖部同樣可刷色妝點。

6 臉部適當取嘴臉位置刷白橢圓。耳朵縫上魚骨線妝扮。

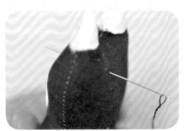

7 縫眼睛，由頭後方入針用力將線頭拉進頭內，由前方眼睛位置出針。

8 縫上2孔的木釦為第一顆眼睛。

9 平行出針,線不剪。

10 再縫上第二顆眼睛。

11 最後由後方出針,記得要將線頭藏入。

12 貼縫鼻子,剪三角型的毛氈布,從後頭入針由尖角處出針。

13 利用貼布縫將三角鼻子繞縫一圈,回到起點下方人中位置出針。

14 回針縫縫上人中線與嘴唇線。

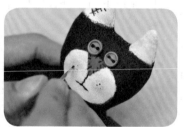

15 臉部刷上腮紅,用線筆點上小黑點當鬍渣。

16 長15×24cm花色棉布對折,依紙型在肩部摺雙處裁出上衣布片。車縫時,背面需留3cm 尾巴的洞口。

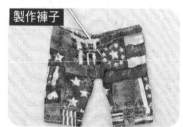

17 長23×13cm寬的棉布對折車縫,中間剪開6cm的Y字褲襠。背後留1×3cm寬的尾洞。

製作衣服

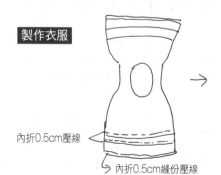

內折0.5cm壓線

內折0.5cm縫份壓線

二片車合

翻回正面,後面剪一刀3cm洞孔,讓尾巴可穿出來用!

製作褲子

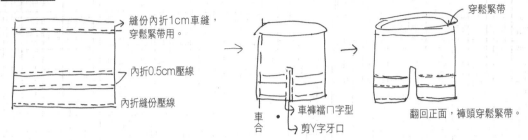

縫份內折1cm車縫,
穿鬆緊帶用。

內折0.5cm壓線

內折縫份壓線

穿鬆緊帶

車
合

車褲襠冂字型

剪Y字牙口

翻回正面,褲頭穿鬆緊帶。

18 縫合尾巴與身體。先穿上褲子拉出尾巴,再將紅色釦子縫於尾巴上裝飾。

19 穿入鬆緊帶後,再縮縫褲頭。

20 套上上衣。再將尾巴拉出。

21 縮縫領口、袖口至符合脖圍和手臂圍。

22 上衣縫上星釦和領結裝飾。

製作配件

原型尺寸

利用各色羊毛氈布,將紙型描繪於羊毛氈布上留縫份剪下,車合。

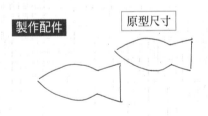

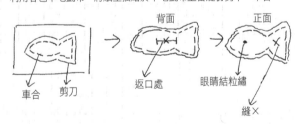

背面

正面

車合   剪刀

返口處

眼睛結粒繡

縫X

魚竿製作,利用鋁線及
30#細咖啡色鐵絲繞折。

隨意編織鐵籃,鋪上水草,
再把魚擺放籃內。

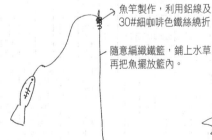

彩虹長耳兔

材料

麻布約1尺
條紋布1尺
毛氈布紅色、綠色
木釦2顆
棉花
手縫線

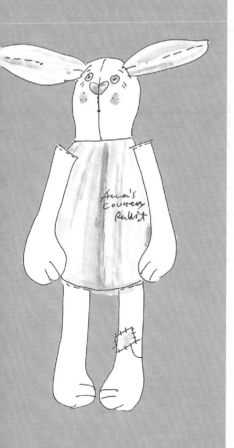

做法

1 麻布摺雙,將手、腳、頭部描繪排列,注意左右的位置。

2 條紋布對折,將身體與耳朵排列繪製。

3 各部分車縫後留縫份1cm裁下。

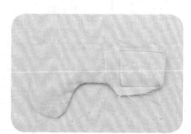

4 轉彎處剪牙口各自翻回正面。

5 塞棉花,腳塞至7分滿。

6 (手、足)與身體縫合。以藏針縫固定縫合開口的一側。

71

7 再藏針縫合另一側。

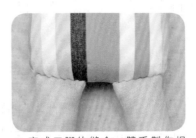

8 完成二腳的縫合。雙手製作相同。

9 製作兔腳,縫腳掌,由後入針穿過腳掌。繞縫2條。

10 刷顏色裝飾,腿部可縫上布標。

11 製作兔頭,左右車合,中間V字部分不縫剪開。

12 耳朵塞入薄薄一層棉。

13 耳朵口重疊1cm打褶車縫固定,中間車縫一道約8cm的固定線。

14 耳朵塞入兔頭,以珠針固定,車縫二側。

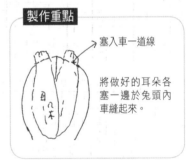

製作重點

塞入車一道線

將做好的耳朵各塞一邊於兔頭內車縫起來。

15 沿邊車縫一道後,再修剪縫份。

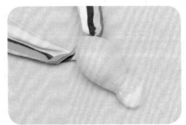

16 兔頭翻回正面。塞飽棉花。

17 將兔頭與身體藏針縫一圈接合。

18 製作五官，縫上木釦當眼睛，鼻子用紅色毛氈布剪成愛心貼布縫上，線不剪，接續以平針縫縫嘴巴。眉、睫毛用單線縫，二頰縫上結粒繡再打上腮紅。

19 完成基本素體的組合。

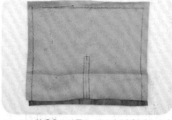

20 裁20×17cm二片毛氈布，中間畫出寬1cm×長8cm褲襠。

21 將二片毛氈布車合起來，褲頭內折1cm車合，中間褲襠車冂字型。

22 中間剪Y字牙口。翻回正面。

23 褲腳往外翻2cm，中間以手縫壓線做裝飾線。

24 穿皮繩，褲頭中間剪1小洞。穿入皮繩。

25 中間穿入釦子。

26 即可讓兔子穿上。拉緊縫線綁好蝴蝶結，即完成。

愛抓瓢蟲的紅髮妹

材料

素麻布、花色棉布、格子棉布、蕾絲緞帶、素棉布、毛氈布、手縫線、車線、粗麻繩、棉繩、毛線、木釦、彩色釦、小木棍、鋁線、紗網

工具

剪刀、手縫針、水消筆
水彩筆、乾刷筆
壓克力顏料、油彩

做法

1 製作身體，將胚布對折描出裁片，留0.5cm縫份，剪下後各自車合。轉彎處剪牙口。

2 翻回正面身體塞飽滿；手塞6分滿、腳塞7分滿後，以平針縫縫住使棉花不往上跑。

3 開口處要以藏針縫縫好。

4 組合身體與四肢，以藏針縫進行組合，記得線頭要藏入。

5 製作褲子，準備25×15cm的布片，褲頭折下0.7cm車縫，穿鬆緊帶用。下擺車一道蕾絲，再摺雙車合，中間車1×7.5cm的ㄇ字型剪開。

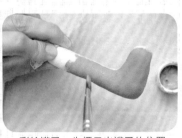

6 中間要剪Y字的褲襠。翻回正面。

7 褲頭穿入鬆緊帶，縮至一定的緊度後，打結藏入，再為娃娃穿上。

8 縮縫褲腳，以平針縫繞縫一圈做縮縫。

9 彩繪襪子，先標示出襪子的位置。再以平筆沾壓克力顏料乾刷塗勻，待乾。

10 以半圓筆畫出襪子上的小花花裝飾。

11 利用扣帶式娃娃鞋做法，為娃娃穿上鞋子。

12 製作背心裙，利用碎花布以不規則的方式隨意拼接出18.5×26.5cm的布片，再以紙型描繪。

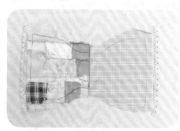

13 留縫份1cm剪下，前後片的背心裙也可採不同布片做接縫。

14 兩片裙襬先車一道蕾絲裝飾。

15 接著將二片背心裙正面相對，車縫肩線處。

止縫點　　止縫點

16 領口留0.5cm縫份剪開，車縫二側組合至止縫點。

17 背心套入娃娃，將領口及袖口內折縫份，平針縮縫一圈束緊。

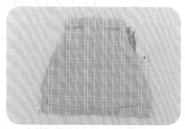

18 領口縫上釦子，並綁上蝴蝶結裝飾。

19 最後黏上頭髮，畫上表情即完成。

製作重點

1. 18cm的毛線繞約80圈，髮尾留5cm束緊，剩餘頭髮分三股編辮子至另一端，髮尾留5cm長度束緊。
2. 綁好頭髮，兩邊綁上蝴蝶結黏上釦子，最後要將髮尾撕拉開，使頭髮呈現不規則的圈圈狀。

配件製作

■輕土花

利用超輕黏土壓成花型數朵，再乾刷顏色。

■製作鐵籃

將鐵絲隨意折所需大小的籃子。

裁布片黏於正面，再黏上釦子，籃內可插人造花草或葉片等裝飾後，再把花朵黏上。

■捕蟲網

用粗鋁線凹折出圓形後，再把紗網以捲針縫一圈於鋁線圈上。

Ann和Andy上學天

材料

胚布素布2尺
紅色素布1尺
羅紋布
素色棉麻布1尺
花色棉布1尺
緞帶 1條
木釦1大2小
棉繩
毛氈布3~4色少量

做法

1 將胚布對折描出裁片,依序縫合。

2 留0.5cm縫份剪下。

3 翻回正面,塞棉。身體塞飽滿,手塞6分滿,腳塞7分滿,以平針縫縫住間隔,固定棉花。

4 組合身體,先將手足的返口處縫份內折以藏針縫縫合,再與身體組合。

5 製作上衣,長27×寬14cm素布對折,描出上衣裁片。

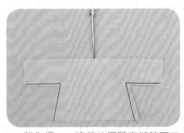

6 製作領口,將裁片摺雙車縫腋下二側後,在上衣領口處,由中間剪一小洞。

7 再由左、右邊平均剪開,洞口不需太大,讓頭可以穿過即可。

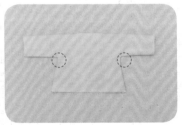

8 腋下剪牙口。再將上衣翻回正面。

9 由頭部套入上衣。

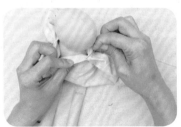

10 領口縫份內折1cm,以平針縫繞縫一圈。

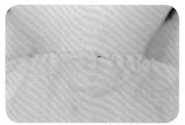

11 縮縫至脖圍密合。

12 袖口以毛邊縫縫一圈。

13 製作領口，布片摺雙車合領片。

14 翻回正面，返口以藏針縫縫合，外圍以毛邊縫繞縫一圈裝飾。

15 縫於脖圍上固定。

16 製作褲子，42×20cm的布片畫上褲型，下擺車上一道蕾絲。

17 褲頭折下1.5cm，穿鬆緊帶用。

18 摺雙車合，中間車縫一道1×10cm的ㄇ字型為褲襠，中間剪開翻正面。

19 褲頭利用錐子穿一小洞。

20 利用髮夾將鬆緊帶穿過。

21 套入主體，拉緊鬆緊帶。

22 褲腳平針縮縫一圈。拉緊。

23 製作鞋子：紅色毛氈布20×5.5cm對折，以紙型描繪後車縫鞋底，留縫份剪下。

24 製作襪套：羅紋布8×9cm2片，對折車縫。

25 翻回正面，縫上釦子裝飾。

26 穿上襪套反折，再穿上鞋子以平針縫一圈縫出裝飾線。

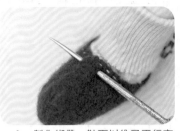

27 製作綁帶，鞋面以錐子平行穿出2小洞。

28 縫入皮繩，綁上蝴蝶結。

29 製作吊帶，20×1cm的布片2條，內折縫份後成0.5cm二側壓線固定。

30 製作裙片，60×15cm的布片，上端內折車縫1cm；下擺車蕾絲再將布片摺雙車合，翻回正面，折縫處鑽洞再穿入鬆緊帶。

31 穿上裙子，利用木釦將吊帶固定縫合。

32 背面交叉方式。

33 領口也縫上釦子裝飾。

34 最後頭上黏上蝴蝶結，畫上可愛的五官表情即完成。

製作配件

■Ann蝴蝶結

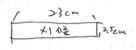

23cm
×1片
2.5cm

兩邊內折縫份0.5cm手縫平針壓二條線，中間縫上裝飾。

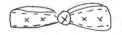

兩端折起縫上釦子，固定。

■Andy帽子

×2片 12cm

13cm

兩片車合，留返口，上頭外角壓1.5cm車線，翻面。

Ann's Collection 1704

返口內折4cm再往外返折2cm 平針手縫裝飾線，黏上釦子、布條。

■書包製作

×2片 5.5cm

8cm

30cm
×1片 1.5cm

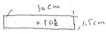

羊毛氈布2片車合，兩角車2cm一道壓線翻正面。

背帶
平針縫

袋蓋先平針縫縫出裝飾線

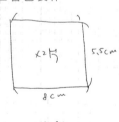

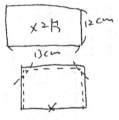

把袋蓋縫於背後，背帶固定縫在兩側，壓縫上釦子，黏上布標。

藝術小畫家

材料

素胚布1尺、棉布2尺、羊毛氈布、羅紋布、蕾絲緞帶、羊毛條、木釦數顆、棉繩

工具

超輕土、小畫板、鋁線、麻繩、水彩筆、水彩顏料、人造花材

做法

1 將胚布摺雙，置放紙型描繪。留返口，車合，留縫份剪下，弧線處剪牙口，再翻正面。

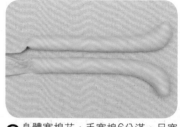

2 身體塞棉花，手塞棉6分滿，足塞棉7分滿，用平針縫縫住使棉花不往上跑。開口處以藏針縫縫好，再進行素體組合。

3 製作鞋襪，8×17cm的羅紋布二片，對折車合，翻回正面做成襪套穿上。

4 羊毛氈布摺雙，以鞋型車合，留返口處，除返口處外，需留縫份剪下再套至腳上。

5 鞋帶以交叉（可參考p.59）方式由下往上，從鑽洞的洞孔穿出入。

6 綁好鞋帶，套上襪套，完成鞋襪製作。

7 製作褲子，準備40×20cm的布片，下擺先車縫蕾絲，褲頭內折縫份1cm，車縫壓線。

8 布摺雙車合，中間車1×10cm的ㄇ字型為褲襠。

9 將中間Y字剪開，翻回正面。

10 在褲頭鑽個小洞，由洞口穿入鬆緊帶束緊固定。褲腳平針縮縫一圈，束緊。

11 製作上端的洋裝裁25×30cm的布片上下對折,利用紙型左右描出上衣。

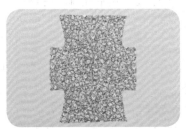

12 裁出如圖,展開的上衣裁片。

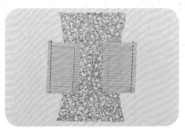

13 接縫袖子。備二片10×10cm的布片,與上衣裁片正面相對,置放左右二邊對齊車縫。

14 製作裙子,準備30×9cm的上裙片與70×2.5cm的下擺布條各2片,縮皺褶,備用。

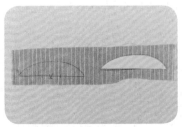

15 將裙片與下擺的荷葉邊做接縫。

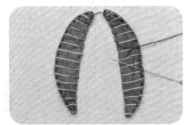

16 結合上衣與裙片,再對折接縫車合。

17 領口要記得左右剪開,才能套入娃娃的頭圍。

18 製作二片領子,布摺雙,依紙型畫出,留返口車合。

19 翻回正面,以平針繡沿邊縫裝飾線一圈,返口藏針縫。

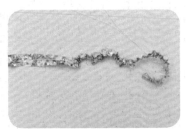

20 製作外套滾邊條,70×1cm長布條,平針縮縫抓皺褶,使其與背心外側的長度相符。

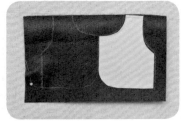

21 製作小背心:羊毛氈布摺雙,依紙型畫出背心。

22 將小外套如圖,剪開領口與前半片的衣襟。

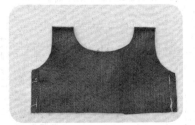

23 背心前後片對齊,車合二側。

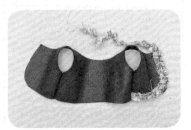

24 翻至正面,將滾邊條沿邊車縫上。

25 背心袖口縫份內折,以平針縫繞縫一圈。

26 縫上蕾絲帶即完成小背心。

27 縫上領片,縮縫套上脖子,再縫上釦子等裝飾。(領片縫合可參考 p.77)。娃娃穿上洋裝與背心,將領口、袖口都內折0.5cm縫份,平針縮縫束緊。

製作頭髮

28 備羊毛條(粗厚)

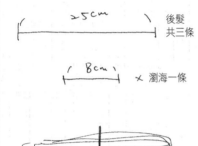

後髮
共三條

×瀏海一條

三條羊毛條與瀏海一條中間綁緊

羊毛分成三股綁辮子,留髮尾束緊外,綁上蕾絲黏上釦子。

瀏海抓篷鬆感
髮尾也抓篷篷的感覺

29 弄好頭髮,畫上表情完成。

配件製作

●利用牛皮紙折出一個牛皮紙袋。
大小依各人喜好來製作。
前後鑽出小洞,穿上棉繩做提帶。

●袋內可先塞些棉花墊高,比較好黏配件飾品。
正面黏上廢紙、釦子、小書本、布條等。
袋內黏上花草、書報紙、彩色筆、鉛筆、畫筆……等素材。

●製作一些超輕黏土書本,疊在一起綁起來,別在Doll手上。

YOYO造型髮飾

■ 娃娃頭髮夾

做法

1 裁直徑4.5cm的圓，不需留縫份剪下。

由洞口塞入飽棉花

2 內折0.2cm縫份以平針縫縮縫一圈束緊，由洞口塞飽棉花。

3 製作頭髮，5cm的洋娃娃頭髮，搓揉後將二端捲起做成髮尾束。

上膠

4 將娃娃頭的前後上膠，黏上頭髮。髮尾可依個人喜歡修剪。

5 頭髮上再縫小珠珠等做為裝飾。

6 娃娃頭背面洞處黏上鯊魚夾固定後，再以捲針縫將鯊魚夾縫2～3次，使夾子更牢固，不易鬆動。

■ 瓢蟲小髮夾

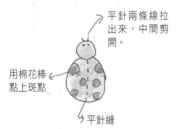

做法

身體

瓢蟲頭

1 裁直徑4.5cm的圓內折0.2cm縫份以平針縫縮縫一圈束緊，塞入棉花完成身體。

2 裁直徑2.5cm的圓製成瓢蟲頭後，再以壓克力顏料乾刷。

平針兩條線拉出來，中間剪開。

用棉花棒點上斑點

平針縫

3 將頭與身體以藏針縫接縫，利用平針縫拉出二條線剪開，形成觸角。

4 身體中間以平針縫縫裝飾線，斑點可用棉花棒沾顏料點上。

5 於背面黏上鯊魚夾，再捲針縫固定使夾子更牢固。

■ 小豬pig髮束

做法

1 耳朵先畫於摺雙的布片上，留返口車合後翻回正面，將耳朵外圍平針縮縫抓皺耳朵。

2 將耳朵藏針縫於yoyo的pig頭上。

3 眼睛，以雙線打結粒繡。

4 豬鼻，羊毛氈剪橢圓型貼布縫上。

5 臉頰上可縫上裝飾，再打上腮紅。

■ 圓月兔

做法

耳朵藏針縫於兔頭上，中間縫上緞帶、釦子，後面黏上夾子。

■ 尖耳兔

做法

1 先摺雙車合耳朵，再藏針縫於兔頭上。

2 另一支耳朵折縫下來，縫××固定。

3 耳朵中間縫上緞帶與釦子。

4 畫上表情，縫好鬆緊帶即可。

(詳細做法可參考p.65)

大頭娃娃磁鐵

做法

將頭頂前後兩排，黏上熱熔膠後，再黏上布條的頭髮

1 裁直徑10.5cm的圓內折0.2cm縫份以小針目的平針縫縮縫一圈，束緊，再塞飽棉，完成yoyo頭。

2 製作頭髮，裁10×1.5cm的布條共20條，每條先綁個單結後，再黏上娃娃頭。可由左至右隨意排列黏上。

3 黏好頭髮，再來修剪長度。並隨個人喜好縫上小裝飾釦。

4 畫上動人的表情。

■ 磁鐵換成別針也可以哦！

毛線繞5圈，共9束

6cm

中間束緊

→由左至右，一束束捲針縫緊頭髮。

縫好頭髮在前額捎往下拉，黏合於額頭皮上（後面也黏合）

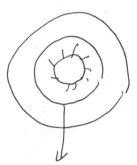

5 背面可放入磁鐵後，再剪一片圓形不織布蓋片縫住即完成。

好心情長頸鹿

原型尺寸

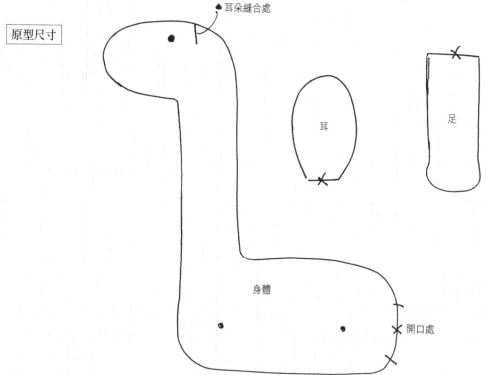

耳朵縫合處

耳

足

身體

開口處

做法

1 版型有彎度處需剪牙口,耳朵不塞棉,腳需塞飽棉。

2 有×的記號,其開口處用藏針縫縫合。

3 縫合身體的開口處時,要將尾巴一併縫入。

4 耳朵以藏針縫縫在耳朵位置上。

5 將鹿腳縫在身體上,由左貫穿到右邊,來回2次,並將釦子縫上拉緊固定,共縫3次。

6 縫上長頸鹿斑點,以毛氈布隨意排列貼縫。

7 眼睛用結粒繡(由一端穿入後打5圈,再由另一端穿出,同樣也打5圈)

8 嘴巴回針縫繡上,由一端至另一面即ok。

手機吊環處

尾巴末端打個結

賣牛奶的乳牛

原型尺寸

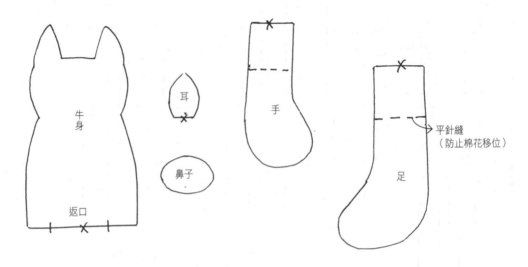

耳

牛身

返口

鼻子

手

足

平針縫
（防止棉花移位）

製作素體

1 胚布摺雙，描繪版型，需留返口車合，留縫份剪下。

2 塞棉，耳朵不塞棉，手塞6分滿，足7分滿，身體塞飽滿。

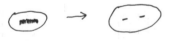

3 鼻子的返口處，在中間剪一刀，翻面。

4 將四肢與耳、口、鼻子等五官以藏針縫與身體接合。

黑斑用顏料
67#黑色塗上。

足朝前

5 描繪乳牛斑紋，先用消失筆在牛身隨意描繪，再用壓克力顏料乾刷、平塗，待乾。

製作衣服

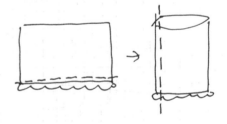

6 洋裝，裁12×4cm長的棉布，下擺車上蕾絲，再摺雙車合，翻正面。

剪洞

7 洋裝兩側剪一小洞，讓牛的小手可以從洞孔伸出來即可。

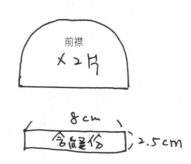

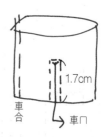

8 將洋裝穿入，牛的小手從洞孔伸出，裙頭縫份內折1cm以平針縮縫束緊。並縫上釦子與綁帶。

9 吊帶褲，裁12×3.5cm長的棉布一片；8×2.5cm寬的布片二片及前襟二片(如圖)。

10 褲子摺雙車合，褲檔車高1.7cm×1cm冂字型，剪開Y字型。

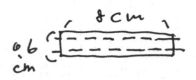

11 前襟二片車合翻正面，返口處藏針縫縫合。再沿邊平針縫裝飾線。

12 雙邊內折縫份壓線，寬縮為0.6cm，完成吊帶。

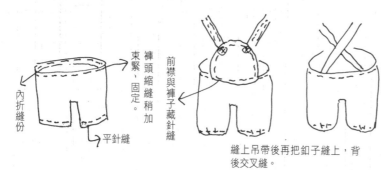

縫上吊帶後再把釦子縫上，背後交叉縫。

eye 顏料67#
眼白4#
156#腮紅用
珠筆點上

13 穿上褲子。背後交叉縫上肩帶與釦子。

14 畫上牛臉部表情。

鑰匙小娃娃

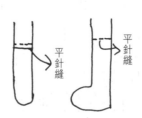

平針縫

平針縫

縫上吊環

1 將紙型描繪於摺雙的胚布留返口車合，留縫份剪下，弧線處剪牙口。

2 翻回正面塞棉，手塞5分滿，腳塞7分滿，分隔處需以平針縫防止棉花上移，再將返口以藏針縫縫合。

3 以藏針縫將手、腳與身體縫合。並在娃娃的頭頂中間處先縫上鑰匙吊環。

4 足部可用壓克力顏料平塗畫上鞋子。

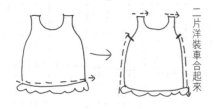

二片洋裝車合起來

平針縮縫

15cm

5 洋裝製作，依紙型裁二片花布，下擺先車上蕾絲裝飾，再將二片花布正面相對車合二側側邊與肩部。

6 幫娃娃穿上衣服後，將領口、袖口處的縫份內折平針縮縫束緊，再縫上釦子與小緞帶裝飾。

7 利用15cm的捲毛線繞6圈，左右各打一個結拉緊。

中間線處

8 頭頂上膠，將頭髮穿過鑰匙圈後黏上，並依個人喜好稍作修整二邊毛髮長度。

9 頭頂前後都要上膠，將頭髮黏好後，每條中間線也要上膠，使其頭髮能緊密黏合，頭髮才不易鬆開。

10 再縫上小飾品裝飾，畫上表情。

雨小無猜吊飾兔

原型尺寸

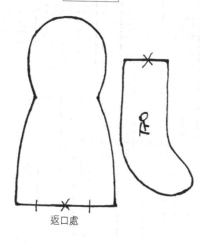

返口處

製作素體

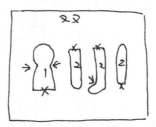

1 將紙型描繪於摺雙的胚布上，留返口車合，留縫份剪下，弧線處剪牙口。

2 翻回正面，塞棉。手、腳各塞9分滿，身體塞飽棉，耳朵則不塞。將返口以藏針縫縫合。

3 接縫身體與四肢，用藏針縫接合起來，完成素體。

4 若要做成吊飾，可在耳朵中間處縫上吊環再縫上裝飾釦。而另一個耳朵可下折縫成折耳。

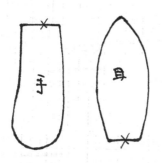

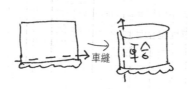

車縫

5 女兔服，裁4.5×11cm長的布片（含縫份），花布下擺車上蕾絲摺雙車合起來，翻回正面。

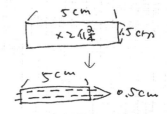

6 製作肩帶，裁二條1.5×5cm長的花布，兩邊左右內折後車壓二條線，使布片的寬度由原先的1.5cm寬縫為0.5cm寬的肩帶。

車合

左右0.5cm車ㄇ字型，剪Y字型

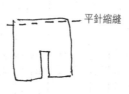

平針縮縫

7 男兔褲，先裁6×11cm長的布片（含縫份），將裁片摺雙車合，褲襠車3cm高×左右車0.5cmㄇ字型，並剪Y字。再翻回正面。

8 穿上後，褲頭內折1cm縫份，平針縮縫至與娃娃胸圍同寬後拉緊，縫合固定。褲管內折0.5cm縫份，同樣以平針縮縫，並將褲管稍往上推，使其產生皺褶感。再縫上肩帶固定即可。

9 小兔若穿上裙子，裙頭處也要內折1cm的縫份，以平針縮縫至與娃娃胸圍同寬後，拉緊縫合固定。再縫上肩帶固定即可。

10 臉部畫上表情即可。

哈比人小吊飾

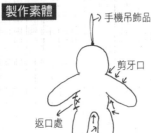

手機吊飾品

剪牙口

返口處

原型尺寸

1 將紙型描繪於摺雙的胚布，留返口車合，弧線處剪牙口。再翻回正正，塞棉花塞到飽滿，返口處以藏針縫縫合。

2 如要當手機吊飾時，可先在頭頂上縫上手機吊飾。

製作衣服

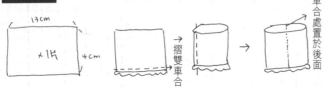

13cm

×1片

4cm

摺雙車合

車合處置於後面

3 裁4×13cm寬的布片(含縫份)，先在下擺車上蕾絲，再摺雙車合後翻回正面。

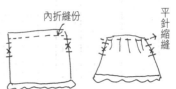

內折縫份

平針縮縫

4 衣服縫份內折0.5cm平針縮縫拉出皺褶。車縫線放在後面，左右剪洞孔，讓手可以穿入即可。

製作頭髮

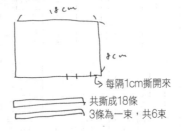

18cm

8cm

每隔1cm撕開來

共撕成18條

3條為一束，共6束

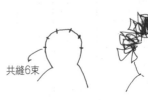

共縫6束

5 幫娃娃套入身體後，平針縮縫拉出的皺褶拉緊，束緊固定。縫上釦子，再綁上織帶。

6 裁8×18cm寬的布片，以每1cm撕成1條，共撕成18條，再將3條為一束，共6束。

7 以回針縫將一束一束的頭髮由左至右縫上並束緊。縫好後，再把頭髮一條一條綁單結，使頭髮立起來。

8 最後黏上膠於髮片中間處，靠近頭頂處。可依個人喜愛來修頭髮長度，黏上裝飾品即可。

9 畫上可愛的表情即完成！

餅乾熊

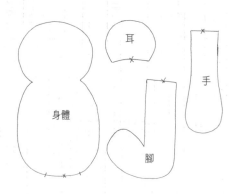

耳

身體

手

腳

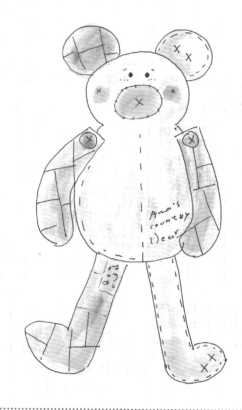

1 製作餅乾熊素體,先利用小布塊拼接車縫成大塊的花色拼布,連同胚布描繪餅乾熊的紙型。

2 將胚布與花色拼布正面相對縫合身體、四肢與耳朵,需留返口。

3 留縫份剪下,翻回正面塞棉,手、足塞9分滿;身體塞飽棉,將返口處以藏針縫縫合。

4 接縫身體與四肢,將手二側縫上木釦由左直穿至右,裝飾手臂。

5 沿著熊的身體與四肢,利用平針縫縫上裝飾線,或在耳朵縫上××圖案。

6 肚子上可縫上英文字及花朵。

7 臉部畫上表情。

8 身體若需要鄉村風格可用古銅色的油彩乾刷,呈現舊舊的感覺喔!

9 脖子綁上布條別上小飾品即ok!

臉部表情

Eye→67#黑色顏料點上
眼白→4#點眼白
腮紅→156#點腮紅
大鼻子→羊毛氈布剪一塊圓貼布縫上,中間縫大××。

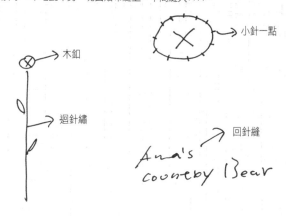

→小針一點

→木釦

→迴針繡

→回針縫

Ana's
coureby Bear

小香包娃娃

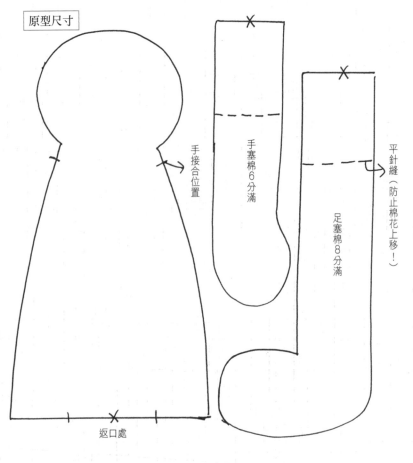

原型尺寸

手接合位置

手塞棉6分滿

足塞棉8分滿

平針縫（防止棉花上移！）

返口處

製作素體

1 將紙型描繪於摺雙的胚布上，留返口車合，留縫份剪下，弧線處剪牙口。再翻回正正，塞棉花塞到飽滿，返口處以藏針縫縫合。

2 如要當吊飾時，可先在頭頂上縫上吊飾配件。

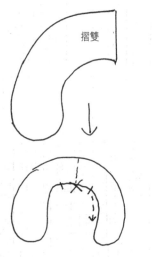

摺雙

3 依紙型描出2片領口。留中間返口處車縫一圈，剪牙口再翻回面，以藏針縫將返口縫合。

褲子製作

（褲子一片）

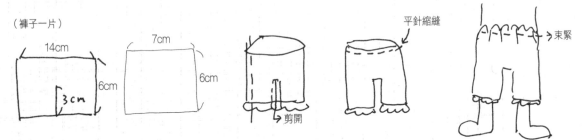

14cm

7cm

6cm

6cm

3cm

剪開

平針縮縫

束緊

4 裁14×6cm長的布片，褲子下擺先車上蕾絲後，再折雙車合。再裁二片6×7cm長的布片當下裙片。下擺各車一道蕾絲

5 將中間車1×3cm高的ㄇ字型為褲襠，剪開中間 丫字型，再翻回正面。

6 穿上後，將褲頭縫份內折以平針縮縫束緊固定。

衣服製作

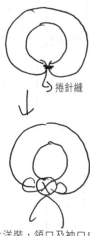

7 洋裝製作,先依紙型裁出上衣的布片,再與下裙片一起車合。

8 將接合好的洋裝摺雙,正面相對縫合,腋下剪牙口,領口處剪一小洞,讓娃娃頭可穿過。

9 套上洋裝,領口及袖口處內折縫份0.5cm,平針縫稍加縮縫固定。

10 接著將步驟3的領口套於脖子上,二側捲針縫合再縫上釦子,綁上棉繩裝飾。

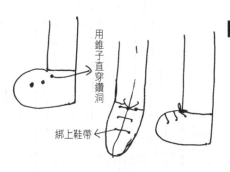

製作頭髮

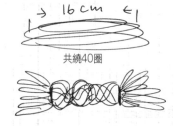

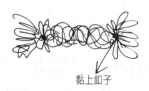

11 畫上鞋子,用64#咖啡色壓克力顏料乾刷平塗鞋子,再用錐子穿出洞孔穿鞋帶用。

12 16cm的毛線繞40圈,先將一邊留約4~5cm的髮尾束緊,剩餘的髮尾再綁成髮辮束緊。最後將二邊的髮尾綁上水兵帶,黏上釦子裝飾。

香包製作

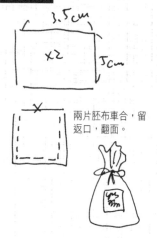

13 娃娃頭的前、後都上膠,再黏上頭髮。

14 接著將髮尾一條一條撕開,使頭髮捲上來,呈現蓬蓬感。最後畫上可愛的表情就完成啦!

15 將二片胚布留返口車合,翻回正面。內塞些許棉花,放點香香豆束緊,並綁上麻繩黏上布塊。

小黑金娃娃

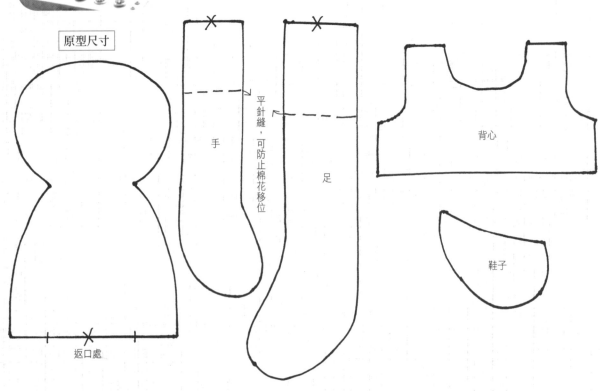

原型尺寸

手

足

平針縫，可防止棉花移位

背心

鞋子

返口處

製作素體

1 將紙型描繪於摺雙的黑色素棉布上，留返口並車合，留縫份剪下，弧線處剪牙口。

2 翻回正面，塞棉。手塞6分滿，腳塞7分滿，為固定棉花可用平針縫縫出間隔線。身體塞飽滿，將返口以藏針縫縫合。

3 接縫身體與四肢，用藏針縫接合起來，完成素體。

製作衣服

4 背心，將紙型描繪於摺雙幅的棉布上，留縫份裁下。

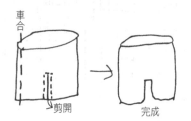

車合

剪開

完成

5 褲子，7×15cm長的棉布摺雙車合，中間車1×3cm高的ㄇ字型為褲襠，中間剪開Y字後，再翻回正面。

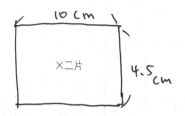

6 衣服，裁二片10×4.5cm長的棉布做下裙用，下擺先車上蕾絲。

7 裙頭平針縮縫拉出皺褶與背心寬度同寬，再把背心與下裙車縫合。將接合好的洋裝摺雙車合。

鞋子製作

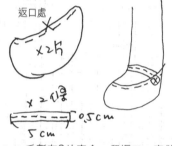

頭髮製作

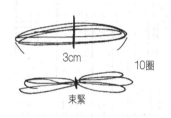

8 先幫娃娃穿上褲子，褲頭內折縫份平針縮縫束緊，褲管內折0.5cm縫份平針縮縫車緊固定。

9 穿上背心洋裝，領口處與袖口處縫份內折，平針縮縫稍加拉緊，呈現皺褶感。

10 正面領口外縫上釦子，綁上有縫裝飾線的羊毛氈布條。

11 毛氈布2片車合，留返口，車縫線外留縫份剪下，翻回正面後穿上，將鞋口平針縫裝飾線一圈，再縫上鞋帶與釦子裝飾。

12 3cm的毛線繞10圈，中間束緊為1束，共製作7束。以相同手法繞2.5cm的頭髮5圈，做成3束。

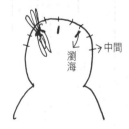

・眼白4#壓克力顏料用珠筆點上
・眼珠黑色67#壓克力顏料用珠筆點上
・鼻子與嘴巴用單線手縫線平針縫縫上。臉頰乾刷腮紅。

13 先將3cm的頭髮一束一束以回針縫的方式縫在頭頂上，由左至右一一縫緊。中間頭髮縫好後，再縫上前瀏海的3束頭髮，縫法一樣。

14 在頭髮線中間黏上膠，將左右兩邊頭髮往中間黏合起來，使頭髮豎立。瀏海頭髮的處理與中間髮的黏法一樣。

15 頭髮全部處理好後可用布條打個單結，黏在頭頂上做裝飾。

16 畫上娃娃的表情。

圈圈魔法娃娃

1 將紙型描繪於摺雙的胚布,留返口車合,留縫份剪下,弧線處剪牙口。

2 翻回正面,塞棉花,手塞6分滿,腳塞7分滿,分隔處需以平針縫防止棉花移位,返口處藏針縫縫合。

3 以藏針縫將手、腳與身體縫合。

製作褲子

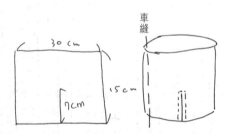

4 備一片30×15cm寬的布片,再摺雙車合,中間處車1×7cm高的ㄇ字型作褲襠,由中間剪開Y字型,翻回正面。

5 幫娃娃穿上,褲頭內折1cm縫份平針縮縫束緊固定。褲管內折0.5cm平針縮縫束緊固定。

製作洋裝

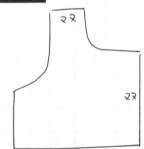

6 先裁出2片23×10cm寬的布片當下裙片。再依紙型裁出上背心。

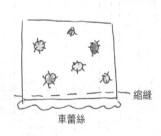

7 先將下裙車一道蕾絲,裙片可隨意貼布縫毛氈布上圈圈。

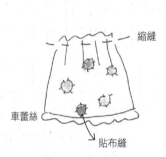

8 接著將裙頭縮縫拉出皺褶,與上背心接縫。

9 將洋裝摺雙車合，翻回正面。套上娃娃。

10 領口、袖口縫分內折平針縮縫一圈，稍拉緊呈現皺褶。領口縫上釦子，綁蕾絲帶。

製作鞋子

製作頭髮

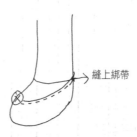

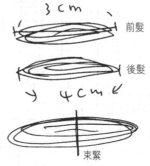

11 將紙型畫於摺雙的毛氈布，留返口車合再含縫份剪下，返口處則不需留縫份。翻回正面。套上腳，鞋口以平針縫縮縫一圈，中間縫上小釦子裝飾。

12 剪一條細毛氈布條套在腳上當鞋帶固定於鞋跟上縫交叉線固定。

13 備前髮3cm5圈8束；後髮4cm8圈9束，將中間綁緊。

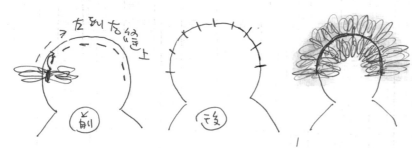

14 黏貼前髮，前額處先用消失筆描出記號點，分8等分，再以捲針縫將頭髮一束束縫上。記得要拉緊固定好，才不易鬆散。後髮共9束與前髮的製作相同。

15 頭髮縫好後，中間線黏上膠，並將左右頭髮黏合起來。額頭往下黏，呈現瀏海的感覺。

16 修飾後頭頂黏上毛與布條作為蝴蝶結，娃娃畫上表情即ok！

母雞帶小雞散步去

製作雞身

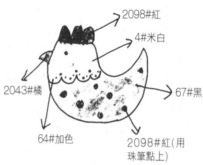

2098#紅
4#米白
2043#橘
67#黑
64#加色
2098#紅(用珠筆點上)

1 將胚布對折描上紙型,留返口縫合後留縫份剪下。遇弧度處剪牙口,翻回正面塞飽棉,開口處以藏針縫縫合。

2 身體畫上壓克力顏料乾刷平塗。

3 畫上臉部表情。

Eye→67#黑色顏料點上
眼白→4#點眼白
腮紅→156#點腮紅

製作雞腳

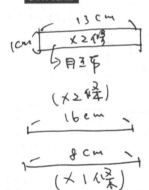

13cm
×2條
1cm
5月3年
(×2條)
16cm
8cm
(×1條)

・二條鋁線直穿入身體
・母雞爪鋁線尾端往內凹一個彎。
・小雞爪單條鋁線尾端折凹一個弧度。

製作翅膀

平針縫
回針縫

4 母雞用16cm的鋁線2條穿過雞身後,用1×13cm的胚布把鋁線包捲起來,雞腳鋁線的尾端折出雞爪,再乾刷平塗93#壓克力顏料。

・註:小雞的雞腳鋁線8cm

5 剪下二片毛氈布,以平針縫縫上。

製作雞蛋

縮縫

4#米白色
點點可用64#、93#顏料

1 用10元硬幣在胚布描繪圓型後剪下,平針縮縫一圈拉緊,塞棉花。

2 用顏料平塗乾刷後,稍塑成橢圓形。
(可自製4~5顆)

呱呱叫鴨子

製作素體

鴨脖子與鴨身藏針縫縫一圈(鴨頭朝前)

眼睛用結粒繡。眼睛下方塗上腮紅。

腳、嘴巴用黃色壓克力顏料乾刷平塗。

1 胚布摺雙描繪紙型，留返口後，車合。

2 留縫份剪下，遇弧度處剪牙口，再翻回正面塞棉，手塞6分滿，足7分滿。

3 返口藏針縫縫合，並以藏針縫將身體組合。

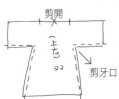

剪開

上衣

剪牙口

・上衣摺雙幅車合，留縫份剪下，腋下剪牙口；領口則剪一小刀，讓頭可以穿過。

4 製作鴨媽媽的衣服。

製作圍裙

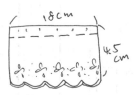
18cm
45cm

5 褲子15×8cm摺雙車合，褲襠車上1×4cm高ㄇ字型後剪Y字，再翻正面。

剪Y　翻面

6 縫份內折1.5cm壓線，穿麻繩用。

7 穿上褲子，褲頭內折縫份，平針縮縫拉緊，褲管上1cm平針縮縫固定，綁上麻繩。

縮縫

配件製作

8 上衣領口剪開套上鴨身，再將領口與袖口的縫份內折後，以平針縮縫一圈束緊。

9 圍裙穿入麻繩，稍拉出皺褶度後綁蝴蝶結。

10 隨意剪下三角型做為頭巾。

1 製作鴨寶寶，可製作3～4隻鴨寶寶，脖子綁上布條。

2 利用麻繩串起來釦子，別上即可。

3 可隨意拿器具做為籃子，再黏上些釦子、布塊及乾燥花草等做裝飾，再把鴨寶寶置入。

圓滾滾的大肚兔

製作素體

1 製作素體，準備一片絨毛布與胚布，描畫紙型，再將胚布與絨毛布正面相對車合，留縫份剪下。

2 以相同的方式製作2隻手，車合後翻面塞飽棉。返口處以藏針縫縫合。

3 在兔身的絨毛布背面剪開約2.5cm的開口，遇弧線處須剪牙口。將兔身翻回正面。

4 塞棉，藉由開口處將身體塞飽棉，耳朵不塞。再將開口處以藏針縫縫合。

5 將手以藏針縫接縫在兔身上。

6 裝飾縫，身體與手的外圍以平針縫縫裝飾線。臉部則不縫。

7 四肢可用手縫線縫上××的圖像。

8 耳朵1/3的部分，用平針縮縫拉緊，使耳朵皺起來。

9 脖子可綁上布圍巾，再別上裝飾品。

10 畫上表情，即可！

11 製作配件胡蘿蔔。

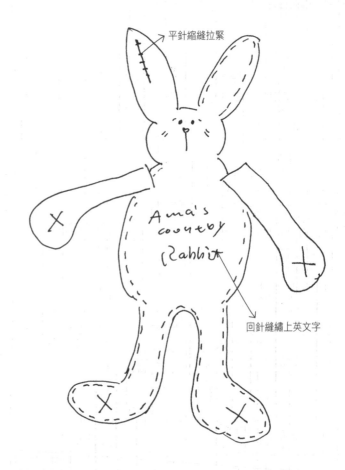

製作胡蘿蔔

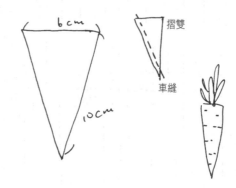

慵懶的焦糖貓

製作素體

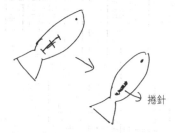

捲針

結粒繡

貼布縫

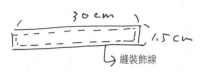

30cm

1.5cm

縫裝飾線

1 胚布摺雙，描繪紙型，預留返口處。車縫後留縫份剪下，遇弧線處剪牙口，翻回正面。

2 塞棉，手塞6分滿，足塞7分滿；尾巴9分滿。返口處以藏針縫縫合。

3 魚身的返口，是在肚身橫剪一洞後，將魚身翻正面，塞飽棉。將以捲針縫將返口處縫合。

4 將魚的全身用油彩乾刷呈現鄉村風格。

5 脖子綁帶用1.5×30cm羊毛氈布，於二側平針縫上裝飾線。

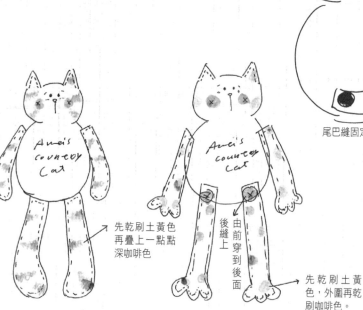

尾巴縫固定於背後再縫上釦子

先乾刷土黃色再疊上一點點深咖啡色

Amei's country cat

由前縫上 穿到後面

先乾刷土黃色，外圍再乾刷咖啡色。

6 組合貓身，四肢以藏針縫與身體接縫身體。四肢沿邊可以平針縫做裝飾線。

7 耳朵也可利用平針縫拉些許縮縫，使其呈現皺褶感。

8 塗上色彩，用壓克力顏料93#、64#土黃色與咖啡乾刷斑紋。最後用古銅色油彩乾刷全身，使其呈現舊舊的感覺。

9 綁上毛氈布做的圍巾，再畫上臉部表情即可。臉部eye->黑色、米白色，腮紅->156#乾刷。

愛做夢的鄉村兔

製作素體

1 將胚布摺雙，紙型描繪於布上，留返口車合。

2 留縫份後剪下，遇弧線處剪牙口，翻回正面。

3 塞棉花，手塞6分滿；足塞7分滿；身體塞飽滿，耳朵則不用塞。

4 製作耳朵，二片胚布及二片絨毛布正面相對車合後，翻回正面。

5 組合素體，將四肢、耳朵與身體以藏針縫縫合，返口同樣縫合。

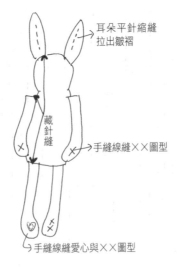

耳朵平針縮縫拉出皺褶

藏針縫

手縫線縫××圖型

手縫線縫愛心與××圖型

製作衣服

車合 　剪開

6 備一片35×22cm高的胚布摺雙車合，再車ㄇ字型1×13cm高作褲襠剪Y字型後，翻正面。

領口製作

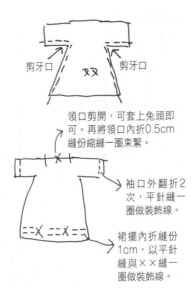

剪牙口　　　剪牙口

領口剪開，可套上兔頭即可。再將領口內折0.5cm縫份縮縫一圈束緊。

袖口外翻折2次，平針縫一圈做裝飾線。

裙擺內折縫份1cm，以平針縫與××縫一圈做裝飾線。

英文字→回針縫
♥→貼布縫
⊗→縫上釦子

平針縫一圈

5cm

I ♥ coonery Rabbit

7 穿上褲子，褲頭上方縫份內折1cm平針縮縫一圈拉緊。

8 褲管上方1.5cm處平針縮縫束緊，綁上麻繩蝴蝶結。

9 製作上衣，上衣摺雙車合，剪牙口，翻正面。

10 備1片8×11cm，中間剪一小洞，可套入兔頭即可。

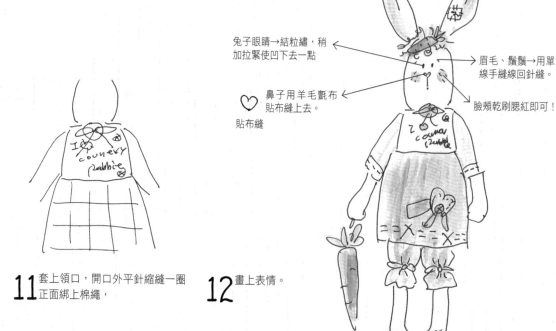

兔子眼睛→結粒繡，稍加拉緊使凹下去一點

眉毛、鬍鬚→用單線手縫線回針縫。

鼻子用羊毛氈布貼布縫上去。

臉頰乾刷腮紅即可！

貼布縫

11 套上領口，開口外平針縮縫一圈正面綁上棉繩，

12 畫上表情。

製作胡蘿蔔

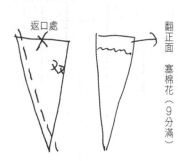

返口處

翻正面 塞棉花（9分滿）

13 依紙型裁毛氈布，摺雙車合，留返口。

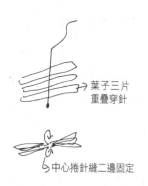

葉子三片重疊穿針

中心捲針縫二邊固定

14 蘿蔔左右前後內折捲針縫固定，再縫上三條綠布條做葉子。

將葉子每條交錯綁

以回針縫短線做為芽線

15 將葉子每條交錯綁，使葉子能立起來。

開心蘑菇母女

製作素體

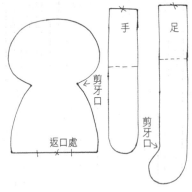

手　足

剪牙口

返口處

剪牙口

剪牙口

1 胚布摺雙描繪紙型後，車合，需留返口。

2 留縫份將素體剪下，遇弧線處剪牙口，再翻回正面。

3 塞棉花，手塞6分滿，腳塞7分滿，身體塞飽滿。將返口處藏針縫縫合。

4 以藏針縫方式將手足接縫於身體上。媽媽的腳要朝前。

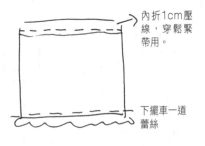

內折1cm壓線，穿鬆緊帶用。

下擺車一道蕾絲

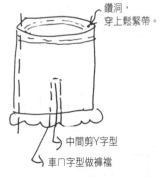

鑽洞，穿上鬆緊帶。

中間剪Y字型

車ㄇ字型做褲襠

5 備35×18cm的布片，中間車縫1×9cm高的褲襠。

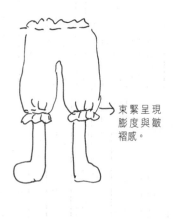

束緊呈現膨度與皺褶感。

6 將褲子翻正面穿上，從洞孔穿上鬆緊帶束緊。褲管平針縮縫一圈束緊固定。

製作洋裝

平針縮縫出皺褶

7 依上衣紙型裁出上衣的裁片。

8 再利用小碎布車縫拼接出二片裙子的尺寸25×11cm。裙片下擺車一道蕾絲，裙頭平針縮縫出皺褶與上衣同寬。

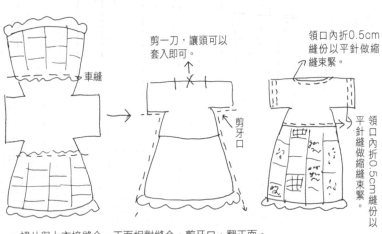

車縫

剪一刀，讓頭可以套入即可。

剪牙口

領口內折0.5cm縫份以平針做縮縫束緊。

領口內折0.5cm縫份以平針做縮縫束緊

9 裙片與上衣接縫合，正面相對縫合，剪牙口，翻正面。

製作胸前及頭髮的花葉片

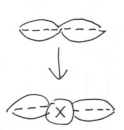

10 葉子大小可以依個人喜好來剪。先將兩片葉子平針縫裝飾線，中間再縫上釦子，便可直接縫在衣服上。頭上縫上釦子後先備用。

鞋子製作

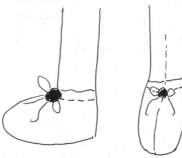

11 鞋頭鑽洞孔穿鞋帶一圈，中間正面穿上釦子綁蝴蝶結。

頭髮製作

羊毛片一條90cm長分成3條

12 羊毛片一條90cm長，分成三片各為30cm長，將三片疊在一起，使頭髮有厚度，兩邊束緊留髮尾。

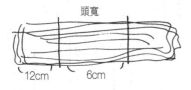

三片疊在一起，兩邊束緊留髮尾。

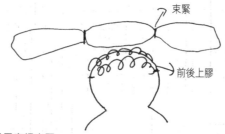

13 將頭部前後都上膠，頭髮依頭型分三段用麻繩束緊。

將縫好的的花葉片黏上。

香包枕製作

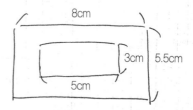

16 將小碎布拼接成所需的尺寸。

14 把髮尾整片往下後朝內捲，再用麻繩束緊。

15 完成。

中間部分，先回針縫繡上英文字，外框平針縫裝飾線。

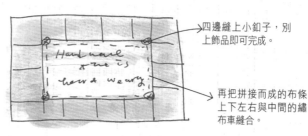

四邊縫上小釦子，別上飾品即可完成。

再把拼接而成的布條上下左右與中間的繡布車縫合。

17 二片正面對正面，留返口外，車合起來，翻正面塞棉花。返口外藏針縫縫合。

新手裁縫師

製作素體

1 胚布摺雙，紙型描繪於胚布上，留返口車合，留縫份剪下，遇弧線處需剪牙口。

2 素體翻回正面。塞棉花，手塞6分滿，腳塞7分滿，為固定棉花用平針縫縫出間隔線。身體塞飽滿，將返口以藏針縫縫合。

3 接縫身體與四肢，用藏針縫接合起來，完成素體。

製作上衣洋裝

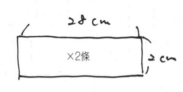

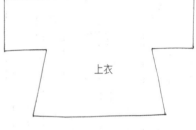

4 裁下裙片14×6cm二片及28×2cm寬的2條長布片，做為下裙與荷葉邊用。

5 上衣，依紙型裁出上衣的布片。

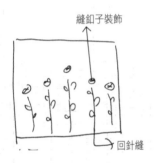

縮縫拉出小皺褶與上衣同寬，皺褶集中在中心位置。

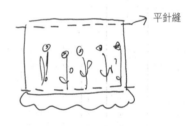

平針縫

6 縫合上衣洋裝，將二片下裙片用回針繡繡上花草；縫上釦子做裝飾。

7 荷葉的布片以平針縮縫拉出與下裙同寬的皺褶後，再與下裙車縫。

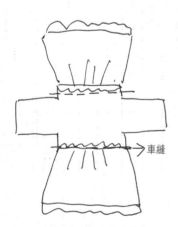

車縫

8 再將下裙與上衣車縫成洋裝。

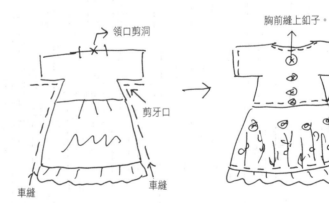

領口剪洞

剪牙口

車縫

車縫

胸前縫上釦子。

袖口、上衣下擺、下裙擺平針縫裝飾。

9 接著將洋裝摺雙幅車合。領口剪洞讓娃娃頭可套入，再將領口平針縮縫一圈拉緊即可。

製作褲子

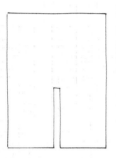

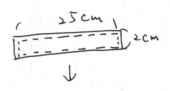

25cm

2cm

羊毛氈布四邊平針縫裝飾線。

製作包鞋

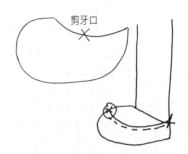

剪牙口

10 裁8.5×11cm的布片二片車合，褲襠車1×5cm長的冂字型，剪開Y字後翻正面。

11 將娃娃穿上褲子，褲頭內折縫份平針縮縫束緊固定。褲管則平針縫裝飾線。

12 領巾，25×2cm的羊毛氈布四邊平針縫裝飾線，別上飾品，綁上布條。

13 毛氈布四片畫上鞋型，二片車合。剪一條0.5cm寬的長條毛氈布當鞋帶。

14 車縫線外留縫份剪下，翻回正面套上腳，將鞋子平針縫一圈。釦子縫中間，鞋帶套上交叉縫於後腳跟固定。

製作頭髮

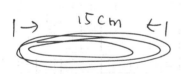

15cm

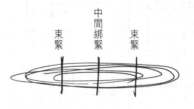

束緊　中間綁緊　束緊

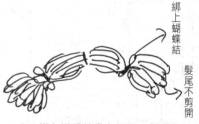

綁上蝴蝶結

髮尾不剪開

15 15cm長的毛線共繞50圈。

16 分成4等份，中間先綁緊，二邊再綁緊留髮尾。

17 綁上蝴蝶結黏上釦子。髮尾不剪開。

前後上膠

18 頭頂上膠將頭髮黏上，二邊髮尾打開一條一條撕開，呈現膨膨感。

19 畫上表情即可。

野餐妹妹愛吃糖

製作素體

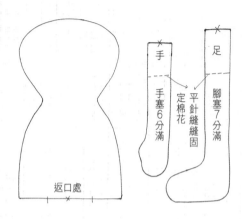

手
手塞6分滿
定棉花
平針縫縫固
腳塞7分滿
足

返口處

1 紙型描繪於摺雙的胚布上,留返口車合後留縫份剪下,弧線處需剪牙口。

2 翻回正面,塞棉。手塞6分滿,腳塞7分滿,為固定棉花可用平針縫縫出間隔線。身體塞飽滿,將返口以藏針縫縫合。

3 接縫身體與四肢,用藏針縫接合起來,腳要朝前,完成素體。

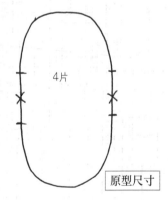

4片

原型尺寸

鞋子一圈捲針縫整圈。

5 將毛氈布摺雙車鞋型,兩側中間留返口,留縫份剪下翻回正面。

6 將做好的鞋帶兩邊塞入,藏針縫縫住。

製作拖鞋

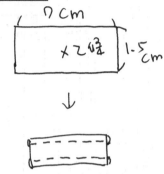

7cm
x2條
1.5cm

4 裁1.5×7cm2條的鞋帶,將二邊縫份內折0.5cm平針縫。

製作褲子

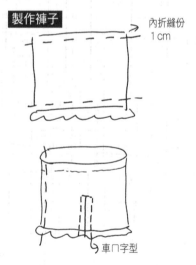

內折縫份1cm

車ㄇ字型

7 褲子裁一片25×15cm,下擺車一道蕾絲,高1×7cm褲頭內折縫份1cm穿鬆緊帶用,摺雙車合,車褲襠中間剪Y字。

製作上衣

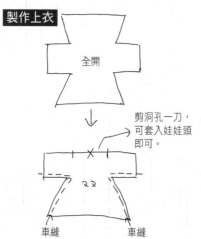

車縫　　　車縫

剪洞孔一刀，可套入娃娃頭即可。

8 依紙型裁出上衣的裁片。

9 娃娃先穿上褲子，將褲頭的鬆緊帶綁緊，褲管平針縮縫束緊，呈現皺褶與膨度。

10 穿上上衣，領口、袖口內折0.5cm縫份平針縮縫一圈，拉緊固定。

製作背心

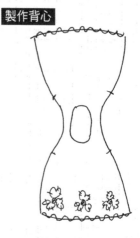

11 依紙型描繪於布上，留縫份剪下。正面用羊毛氈布剪不規則的心形數片，貼布縫於下裙擺中間，再縫上釦子。

車縫　　　　　車縫

12 下擺內折縫份車壓上水兵帶，再摺雙車合翻正面。

13 穿上背心裙，袖口、領口縫份內折平針縫，縮縫拉出皺褶束緊固定，在中間縫上釦子，綁上緞帶。

頭髮製作

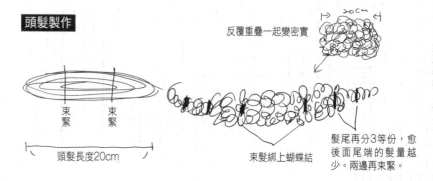

束緊　束緊

頭髮長度20cm

反覆重疊一起變密實

束髮綁上蝴蝶結

髮尾再分3等份，愈後面尾端的髮量越少。兩邊再束緊。

14 參考髮型設計4，製作捲毛頭後，再分成三等份將髮尾兩邊束緊，綁上蝴蝶結，黏上釦子。髮尾再分成二等份處理。

拉出蓬鬆感

髮量愈來愈少

15 頭頂前後都要上膠再黏上頭髮，稍拉出蓬鬆感，髮尾往上呈現往上翹的感覺。

16 臉上畫上表情。穿上拖鞋，手別上野餐籃，完成。

製作配件

17 將竹籃內塞些棉墊高，黏上布塊外翻，黏上一些乾燥花草，再把黏土素材做好的餅乾、麵包果實等黏於表面，黏時要有層次感。

大鼻子微笑娃娃

製作素體

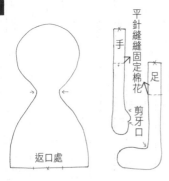

平針縫縫固定棉花

手

足

剪牙口

返口處

1 紙型描繪摺雙的胚布上，留返口車合，留縫份剪下，遇弧線處需剪牙口。

2 翻回正面，塞棉。手塞6分滿，腳塞7分滿，為固定棉花可用平針縫縫出間隔線。身體塞飽滿，將返口以藏針縫縫合。

3 接縫身體與四肢，用藏針縫接合起來，腳要朝前，完成素體。

製作衣服

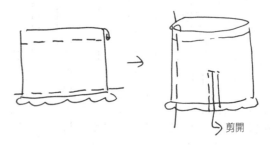

剪開

4 褲子，裁30×12cm的布片，下擺車一道蕾絲；褲頭內折1cm縫份，壓線車一道，穿鬆緊帶用。再摺雙車合，中間車1×6cm長的ㄇ字型褲襠，縫份剪Y字翻回正面。

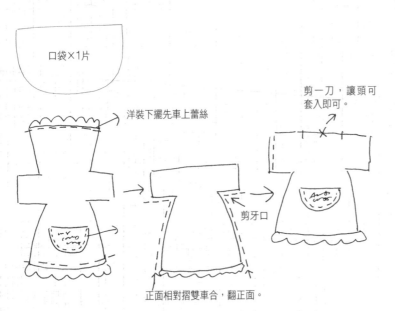

口袋×1片

洋裝下擺先車上蕾絲

剪一刀，讓頭可套入即可。

剪牙口

正面相對摺雙車合，翻正面。

領口製作

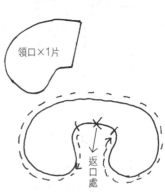

領口×1片

返口處

5 上衣與口袋依紙型裁下，裙片下擺先車上蕾絲。口袋以回針縫繡上自己喜歡的英文字。

6 將褲子穿上，褲子褲頭鑽洞穿上鬆緊帶綁緊。套上衣服，領口、袖口內折縫份0.5cm平針縮縫束緊。

7 布摺雙幅，留返口處車合領口，製作二個領口，翻正面，返口處藏針縫。

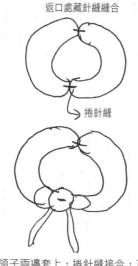

返口處藏針縫縫合

捲針縫

8 領子兩邊套上，捲針縫接合，正面縫上釦子，綁帶。

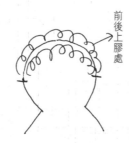

洞內塞棉

9 剪一個2.5cm的圓內折0.2cm縫份，平針縮縫束緊。

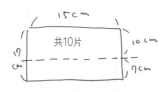

15cm

共10片

10 cm

7cm

10 素棉布剪10片疊在一起，虛線位置車壓一道縫線。

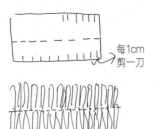

每1cm剪一刀

全部10片撕成布條再下水搓揉一下，使頭髮出現毛邊現象。

11 剪好，用手撕開，撕拉到車線位置。

前後上膠處

12 頭髮黏於頭頂後，再黏上釦子。可依各人喜好來修剪頭髮，剪時要有層次感。

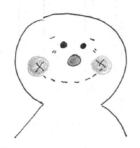

・眼睛用珠筆沾黑色壓克力顏料點上。白色顏料點上白點。
・鼻子藏針縫一圈縫緊。
・眉毛、嘴巴、臉頰縫線單線（平針縫）。
・塗上腮紅。

13 畫上臉部表情

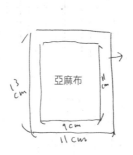

亞麻布

13 cm

11cm

9cm

11 cm

14 亞麻布先繡上葉子與樹枝；花朵縫上yoyo與釦子。

15 兩片平針縫縫合一起。縫上裝飾釦與黏貼布塊，回針繡縫英文字。

16 腳畫鞋子，用壓克力顏料97#乾刷平塗鞋型，用錐子直穿洞孔左右各3個。由下往上穿綁帶。洞孔再補顏料。

賣花的紫羅蘭娃娃

製作素體

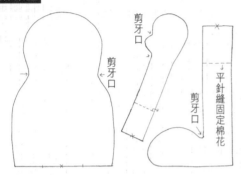

1 將紙型描繪於摺雙的胚布上，車合並留返口，留縫份剪下，弧線處剪牙口。

2 翻回正面，塞棉。手塞6分滿，腳塞7分滿，為固定棉花可用平針縫縫出間隔線。身體塞飽滿，將返口以藏針縫縫合。

3 接縫身體與四肢，用藏針縫接合起來，腳要朝前，完成素體。

4 畫娃娃鞋，用消失筆在腳上先描繪出鞋型，再用壓克力顏料乾刷平塗，鞋前縫上木釦與布條裝飾。

製作上衣

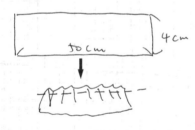

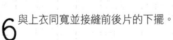

5 將紙型描繪於摺雙的棉布上，留縫份裁下。再裁二條4×50cm棉布做下裙荷葉用，平針縮縫拉出皺褶。

6 與上衣同寬並接縫前後片的下擺。

7 上衣摺雙車合，腋下剪牙口，翻正面，領口剪一刀，讓娃娃頭可套入。

製作褲子

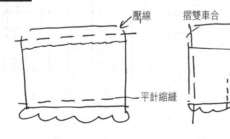

8 裁40×22cm的棉布，下擺先車上一道蕾絲，褲頭內折縫份1cm車壓線一道，穿鬆緊帶用。

9 摺雙車合，中間車1×10cm高的ㄇ字型為褲襠，中間剪開，再翻回正面。

娃娃穿衣服

製作領子

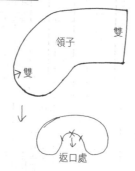

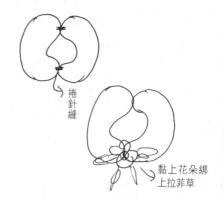

黏上花朵綁
上拉菲草

領子

雙

雙

返口處

10 幫娃娃套上褲子,褲頭穿入鬆緊帶固定,褲管平針縮縫一圈固定,束緊。

11 套上洋裝,將領口、袖口處內折0.5cm縫份平針縮縫一圈束緊,袖口縫上釦子;綁上蕾絲條裝飾。

12 紙型描繪於摺雙的布車二組,留返口車合並留縫份剪下,弧線處剪牙口翻回正面,將返口藏針縫。

13 將一對領子左右套縫在脖子上。衣服領口花朵下再黏上另一朵花綁上拉菲草。

頭髮製作

瀏海的製作

後髮的處理

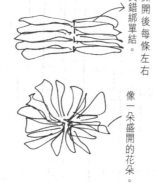

綁緊

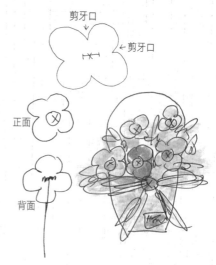

髮尾

綁上蝴蝶結黏上花朵

中間車一道線

娃娃頭前後都要上膠

中間車線處

黏上瀏海

撕開後每條左右交錯綁單結。

像一朵盛開的花朵。

28×6cm 8片

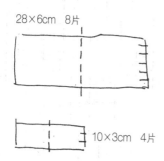

10×3cm 4片

14 分別裁後髮素棉布6×28cm8片及3×10cm的4片瀏海布片。

15 八片重疊一起,中間車一道。將布的二端每隔1cm剪一小刀。瀏海的作法相同。

製作配件

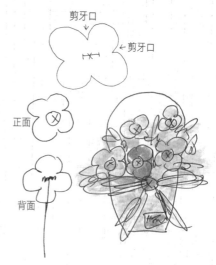

剪牙口

剪牙口

正面

正面

背面

16 製作好的頭髮,可依個人的喜好來修剪長度。

17 胚布摺雙,描繪花型後車縫,在中間剪一小孔當返口用。

18 花朵翻正面,塞飽棉,以捲針縫將返口縫合。再用壓克力顏料乾刷平塗。

19 花朵中心再縫上釦子,插在花盆中的花朵,背面可黏上鋁線做為花莖。

20 陶盆兩側黏上鋁線做提把,盆內塞入棉花墊高,再把人造花草葉黏上,正面綁上拉菲釦子及布塊即可。

蕾絲夢幻娃娃

製作素體

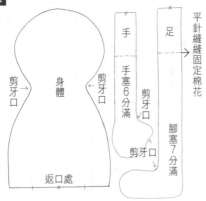

平針縫縫固定棉花

手

足

剪牙口 身體 剪牙口

手塞6分滿 剪牙口

腳塞7分滿

剪牙口

返口處

1 將紙型描繪於摺雙的胚布，留返口車合後，留縫份剪下，弧線處剪牙口。

2 翻回正面，塞棉花，手塞6分滿，腳塞7分滿，分隔處需以平針縫防止棉花散開，再將返口藏針縫縫合。

3 以藏針縫將手、腳與身體縫合。記得腳要朝前。

製作衣服

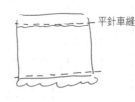

平針車縫

∩字型車縫，剪開丫字型

4 褲子製作，裁20×40cm長的布片，褲子下擺先車上蕾絲，褲頭內折縫份1cm車壓線一道為穿鬆緊帶用。

5 摺雙車合，中間車1×10cm高的∩字型為褲襠，中間剪開丫字型，再翻回正面。

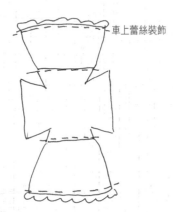

車上蕾絲裝飾

6 依紙型裁出上衣的布片後，展開備用。再裁二片13×35cm長的布片，在下擺處車上蕾絲，裙頭平針縮縫拉出皺褶與上衣下擺同寬，並接縫車合。

剪一小洞

剪牙口

車縫 車縫

7 領口處剪一小洞，讓娃頭可穿過即可。腋下剪牙口，再將洋裝翻回正面。

製作領口

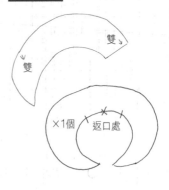

雙

雙

×1個 返口處

8 依紙型描繪在摺雙的布片上，留返口後車合，留縫份剪下，弧線處剪牙口。翻回正面，返口處藏針縫縫合。

製作蕾絲圍裙

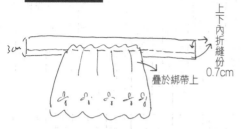

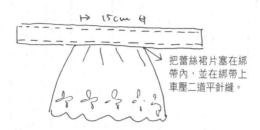

把蕾絲裙片塞在綁帶內，並在綁帶上車壓二道平針縫。

9 裁13×60cm長的蕾絲裙片與3×70cm長的綁帶。將蕾絲的裙片縮縫至15cm的長度，綁帶上下內折縫份0.7cm。

10 將蕾絲片塞在綁帶內。翻至正面車壓二條平針線。

11 幫娃娃穿上褲子，褲頭穿入鬆緊帶車緊。褲管蕾絲上平針縮縫一圈拉緊，穿上洋裙，領口與袖口處內折0.5cm縫份平針縮縫一圈，領口縮緊，袖口稍加縮緊。

12 套上領口，將二端以捲針縫縫合，並縫上釦子綁上布標做裝飾。

製作鞋子

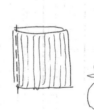

製作頭髮

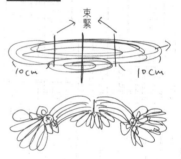

13 將不織布摺雙車合留返口，返口不留縫份剪下。

14 襪套，裁6×5cm寬的羅紋布車合，套上腳部，上頭返折1～5cm，穿上鞋子。鞋口平針縮縫一圈，縫上釦子，綁蝴蝶結。

15 備28cm長的毛線繞100圈，9cm的毛線繞25圈做為瀏海。再將頭髮與瀏海中間綁緊在一起，二側則留10cm髮尾緊，綁上蝴蝶結，黏上釦子裝飾。

製作配件

袋內先塞棉花，再黏上配件、蕾絲或布標等裝飾物。

16 黏上頭髮，頭部前後都要塗膠，將頭髮整頂黏上。再將髮尾與瀏海的毛線一條一條撕開，使頭髮呈現篷鬆又捲曲的髮型。

17 將一片毛氈布先車上一道蕾絲，二片再留返口車合，翻回正面。3條13cm的棉繩綁成辮子做成提帶黏於布包二側。

花花三姐妹

製作素體

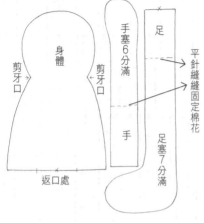

身體

手塞6分滿

足

剪牙口

剪牙口

平針縫縫固定棉花

手

足塞7分滿

返口處

製作衣服

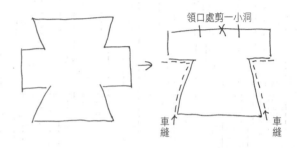

領口處剪一小洞

車縫

車縫

1 將紙型描繪於摺雙的胚布，留返口車合，弧線處剪牙口。

2 翻回正面，塞棉花，手塞6分滿，腳塞7分滿，分隔處以平針縫固定棉花，再將返口藏針縫縫合。

3 以藏針縫將手、腳與身體縫合。記得腳要朝前。

4 依紙型裁出上衣，再將上衣摺雙車合二側與衣袖處。領口處剪一小洞，讓娃娃頭可套入即可。

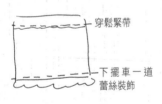

穿鬆緊帶

下擺車一道蕾絲裝飾

5 褲子，備40×20cm的布片，褲頭內折縫份車一道壓線，為穿鬆緊帶用，下擺車蕾絲裝飾。

∩字型車縫剪，開Y字型

6 摺雙車合，中間處車1×10cm高的∩字型作褲襠，由中間剪開Y字型，翻回正面。

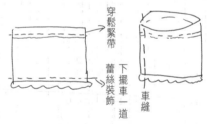

穿鬆緊帶

蕾絲裝飾

下擺車一道

車縫

7 製作背心裙，裁60×13cm的棉布，裙頭內折縫份車一道壓線，做為穿鬆緊帶用，下擺再車蕾絲裝飾。摺雙車合，接縫線要置於後方。

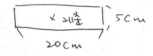

×2條

20cm

5cm

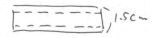

1.5cm

8 肩帶，裁二條20×5cm的布片(含縫份)，將二邊內折縫份1cm 再對折後將二邊壓縫固定。

9 套上褲子，褲頭鑽一小洞穿入鬆緊帶束緊，褲管蕾絲線上平針縮縫一圈束緊。

10 穿上上衣，將領口、袖口的縫份內折0.5cm平針縮縫一圈，束緊固定。

11 套上背心裙，可在裙上貼布縫上布標當裝飾。

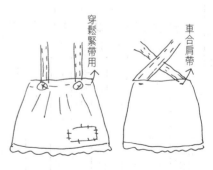

穿鬆緊帶用

車合肩帶

製作領口

返口處

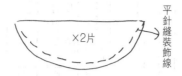

×2片

平針縫裝飾線

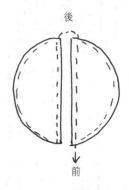

後

前

12 依紙型裁領口布片後，將布摺雙車合，需留返口，翻回正面，返口藏針縫縫合。

13 車好的領口，沿著外圍的弧度內，平針縫一圈裝飾。

14 將二片領口用手縫線雙線，平針縫領口直線處，由其中一片縫至另一片，再縮緊拉出皺褶。

中間平針縫裝飾

製作鞋子

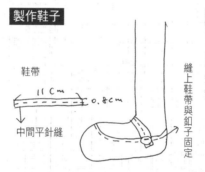

鞋帶

11cm

0.8cm

中間平針縫

縫上鞋帶與釦子固定

製作頭髮

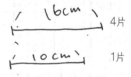

16cm 4片

10cm 1片

·切記！撕羊毛時，不可太用力撕開，以免斷掉。

15 套於脖子正面縫上釦子，綁上布條裝飾。

16 毛氈布摺雙留返口車合，返口處不需留縫份剪下。翻回正面穿上。鞋口以平針縮縫一圈，稍加束緊。縫上鞋帶與釦子固定。

17 備16cm長的羊毛布共4片，製作後髮片。10cm的羊毛布1片製作瀏海。

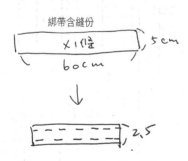

綁帶含縫份

×1條

60cm 5cm

2.5

內折縫份剩寬度為2.5cm後，壓縫。

中間稍加束緊

將頭髮用手抓蓬鬆感。

愛心抱抱配件

Anna's Country Doll

返口處

18 再備1條60×5cm寬的綁帶，內折縫份剩寬度為2.5cm後，於二側平針縫壓裝飾線。

19 先將頭髮依圖示組合好，再將娃娃頭上膠，黏好頭髮，將綁帶綁於中間打上蝴蝶結。綁帶二側可黏上膠固定，中心也上膠，比較不易鬆動。

20 將心型描繪在摺雙的素布上車合，留返口剪下，翻回正面塞飽棉，返口處藏針縫縫合。以回針繡縫上英文字；縫上釦子綁上蝴蝶結完成。

117

無敵拜金女

製作素體

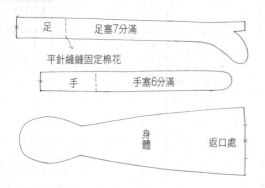

足　　　足塞7分滿

平針縫縫固定棉花

手　　手塞6分滿

身體　　　返口處

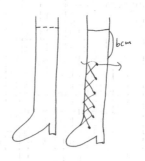

6cm

製作衣服

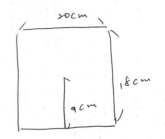

20cm

18cm

9cm

1 將紙型描繪於摺雙的胚布，留返口車合，留縫份剪下，弧線處剪牙口。

2 翻回正面，塞棉花，手塞6分滿，腳塞7分滿，分隔處以平針縫防止棉花上移，再將返口藏針縫縫合。

3 以藏針縫將手、腳與身體縫合。記得腳要朝前。

4 畫上馬靴，用咖啡色壓克力顏料乾刷平塗鞋子。待乾，再以錐子平行鑽出洞口共6組。

5 褲子，裁20×18寬的布一片，褲頭內折縫份車一道壓線，做為穿鬆緊帶用，下擺車一道蕾絲裝飾。

車縫

鑽洞口

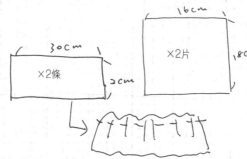

30cm

×2條

2cm

16cm

×2片

18cm

車縫　　　車縫

6 摺雙車合，中間處車1×9cm高的ㄇ字型作褲襠，由中間剪開Y字型，翻回正面。幫娃娃穿上褲子，鬆緊帶由洞口穿入束緊固定。

7 製作背心洋裝，依紙型裁出，荷葉裙擺平針縮縫與下裙寬度一樣後，二者車合。

8 接著將下裙平針縮縫拉出褶子與上背心一樣寬，接縫車合。再將背心洋裝摺雙車合，翻回正面。

9 套上背心裙，將領口、袖口內折縫份平針縮縫一圈。以平針繡出花布上的花草線條呈現立體感。

沿花草邊做壓縫繡出立體感

10 製作領口，將紙型描繪於摺雙的棉布上，預留返口再車合，翻回正面，縫合返口。

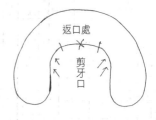

返口處

剪牙口

製作頭髮

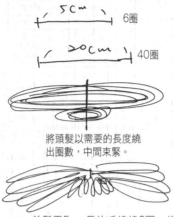

5cm ──→ 6圈

20cm ──→ 40圈

將頭髮以需要的長度繞出圈數，中間束緊。

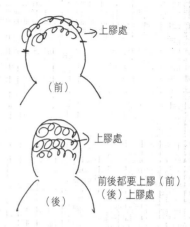

→上膠處

（前）

上膠處

前後都要上膠（前）
（後）上膠處

（後）

捲針縫

11 套上領子，將領子的二端接頭處以捲針縫縫合，再縫上釦子，綁上蝴蝶結裝飾。

12 前髮需5cm長的毛線繞6圈，後髮需20cm長的毛線繞40圈。

13 黏上頭髮，頭部前後依圖示上膠，再黏上頭髮。

配件製作

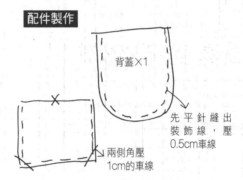

背蓋×1

先平針縫出裝飾線，壓0.5cm車線

兩側角壓1cm的車線

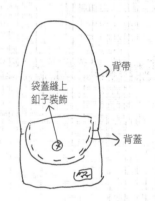

背帶

袋蓋縫上釦子裝飾

背蓋

14 整理頭髮，綁上蕾絲緞帶的蝴蝶結。將每一條頭髮用手拉開，使頭髮呈現捲捲篷鬆感。最後畫上可愛的表情。

15 兩片5.5×4.5cm的羊毛氈布車合留返口，兩側角壓1cm的車線，當布包。背蓋，則可隨意剪一個半橢圓的型狀，可蓋上布包口即可。

16 組合，將背帶固定於袋身二側，背蓋以平針縫固定於袋身背面。

購物紙袋製作

17 利用一些牛皮紙，折出所需要的大大、小小購物袋，再用各色壓克力顏料乾刷平塗，正面塗鴉一些插畫圖或英文字品牌，並可黏貼英文花布。

18 也可將碎布，捲成書卷做為配件置於袋內。再用棉繩做好提帶。

國家圖書館出版品預行編目資料

Ama's鄉村娃娃書：當逗趣的動物碰到笑咪咪的娃娃
/ 高心彤作. -- 初版. -- 新北市：飛天, 2012.04
面；　公分. -- (玩布生活；4)
ISBN 978-986-87814-1-2(平裝)

1.玩具 2.手工藝

426.78　　　　　　　　　　101004205

玩布生活 004

Ama's 鄉村娃娃屋
| 當逗趣的動物碰到笑咪咪的娃娃 |

作　　者／高心彤（Ama）
發 行 人／彭文富
企劃編輯／王義馨
編　　輯／張維文
攝　　影／廖家威
步驟攝影／黃松清
美編設計／林佩樺
出 版 者／飛天出版社
地　　址／台北縣中和市中山路2段530號6樓之1
電　　話／(02)2222-7270．傳真／(02)2222-1270
網　　站／http://cottonlife.pixnet.net/blog
E-mail／cottonlife.service@gmail.com

....

■發行人／彭文富
■劃撥帳號：50141907　　■戶名：飛天出版社
■總經銷／時報文化出版企業股份有限公司
■倉庫地址／新北市中和區連城路134巷16號
　電話：(02)2306-6842
■初版2刷／2014年08月

....

本書如有缺頁、破損、裝訂錯誤，請寄回本公司更換
ISBN／978-986-87814-1-2
定價：380元
PRINTED IN TAIWAN
WA0103

特別聲明
....